机械设计基础课程设计

主　编　张锦明
主　审　赵翠萍
参　编　吴迎春　王维英

东南大学出版社
·南京·

内 容 提 要

本书以常见的齿轮减速器、蜗杆减速器、简易螺旋传动装置为例,系统地介绍了使用机械绘图软件、机械设计手册软件、文字处理等软件在计算机上进行机械传动装置设计的全过程。内容包括:概论、电动机的选择及运动参数的计算、传动零件和轴的设计计算、减速器结构与润滑、简易螺旋传动装置的设计计算、装配图的设计及绘制、零件图的绘制、设计计算说明书编写及答辩准备,并附有课程设计题目、答辩参考题、减速器及螺旋装置的设计计算说明书及其全套图纸的设计实例。

本书为职业技术学院学生机械设计基础课程设计用书,也可作为高等专科学校、成人高校机械类或近机类专业机械设计基础课程设计的教学用书,对利用计算机进行液压传动课程设计、模具课程设计、毕业设计也有一定的借鉴作用,同时也可供指导教师、有关技术部门和工厂设计人员参考。

图书在版编目(CIP)数据

机械设计基础课程设计 / 张锦明主编. —南京:
东南大学出版社,2013.12
ISBN 978-7-5641-4664-1

Ⅰ.①机… Ⅱ.①张… Ⅲ.①机械设计-课程设计-
高等学校-教学参考资料 Ⅳ.①TH122-41

中国版本图书馆 CIP 数据核字(2013)第 283630 号

机械设计基础课程设计

出版发行:东南大学出版社
社　　址:南京市四牌楼 2 号　邮编:210096
出 版 人:江建中
责任编辑:史建农
网　　址:http://www.seupress.com
电子邮箱:press@seupress.com
经　　销:全国各地新华书店
印　　刷:常州市武进第三印刷有限公司
开　　本:787mm×1092mm　1/16
印　　张:13.25
字　　数:322 千字
版　　次:2013 年 12 月第 1 版
印　　次:2013 年 12 月第 1 次印刷
书　　号:ISBN 978-7-5641-4664-1
印　　数:1—3 000 册
定　　价:29.00 元

前　言

　　机械设计基础课程设计,是高职院校机械类、近机类专业学生在学习阶段碰到的第一个大型设计。通过这样的设计训练能使学生熟悉设计资料,了解国家标准、规范;掌握一般传动装置的设计方法、设计步骤,使学生逐步建立起正确的设计思想,从而用这样的思想来解决以后机械中的实际问题。传统的机械设计基础课程设计,是学生根据教师布置的设计任务,使用计算器等工具对所设计的零部件进行大量的、复杂的强度、尺寸等方面的计算,再用铅笔、圆规、丁字尺、图板等绘图工具把图纸画出来,最后把设计说明书整理、书写出来。这样的设计方法至今还在一些高职院校中全部或部分地使用。因此学生使用的《机械设计基础课程设计》教材是与这样的设计相适应的。

　　由于计算机技术的迅猛发展和学校教学课程的增多,现在高职院校机械类、近机类专业学生已掌握了计算机的使用,并能较熟练地在计算机上利用文字处理软件进行文字操作,利用 AutoCAD、尧创 CAD 等绘图软件进行机械绘图。由于在计算机上用有关的软件进行机械设计,一方面大大缩短了设计时间,提高了设计效率和设计质量,增加了图纸、说明书的清晰度;另一方面还能方便地修改、保存,甚至能将三维机械图绘制出来,并进行运动的仿真。所以现在企事业单位的机械设计,类似于课程设计中复杂的强度、尺寸等方面的计算有的已用计算机代替,机械图早已不用绘图工具在图板上绘制,而是用机械绘图软件在计算机上绘制,再用打印机将它打印出来。设计说明书的书写、整理也用文字处理软件在计算机上进行。因此高职院校机械类、近机类专业学生使用计算机来进行机械设计基础课程设计的条件已经具备,同时这样的课程设计训练更符合企事业单位的实际需要。本书就是在这样的背景下产生的,其内容有别于其他的《机械设计基础课程设计》教材,成为该书的亮点。

　　因为机械设计基础课程设计是在高职院校机械类、近机类专业学生学完《机械设计基础》课程后进行的,考虑到高职院校《机械设计基础》中的教学内容、机械设计基础课程设计安排的课时等原因,为此本书对与《机械设计基础》有关的内容没有进行叙述,并只以单级圆柱齿轮减速器、蜗杆减速器和简易螺旋传动装置在计算机上进行设计为例,讲述了电动机的选择及运动参数的计算、传动零件和轴的设计计算、减速器结构与润滑、简易螺旋传动装置的设计计算、装配图的设计及绘制、零件图的绘制、设计说明书及答辩等内容。

　　由于各学校、各专业的教学计划安排不尽相同,特别是考虑到部分学生的基础知识及以后工作的实际情况,本书增添了其他《机械设计基础课程设计》教材没有的,相对简单的简易螺旋传动装置设计计算内容。所以在用本教材进行教学时,教师可根据课程设计安排的课时,各专业及学生的实际情况选择设计内容。

　　由于目前的机械绘图软件、机械设计资料查阅软件、文字处理软件较多,考虑到便于叙述和有关学校在计算机上进行课程设计时所用软件的成本等因素,本书讲述了用尧创CAD2010 机械绘图软件、机械设计手册(新编软件版)2008 在计算机上进行机械设计课程设计的一般方法。本书中有类似于"[1]→【带传动和链传动】→【带传动】→【V 带传动】"的这种写法,其中"[1]"指的是"参考文献与应用软件"中所列的应用软件[1],即"机械设计手册(新编软件版)2008","【带传动和链传动】"指的是机械设计手册(新编软件版)2008 软件中的"带传动和链传动"按钮。"→"指的是往下点击(一般情况下是左击)。"[1]→【带传动和链传动】→【带传动】→【V 带传动】"指的是,在计算机上打开"机械设计手册(新编软件版)2008"软件后,点出"带传动和链传动"按钮,再点击"带传动",然后再点击"V 带传动"按钮。

由于计算机操作系统及一些机械绘图软件自带计算器及相关文字处理软件,所以在计算机上安装机械绘图软件、机械设计资料查阅软件后,机械设计课程设计的全部内容基本上都可以在计算机上完成。

为了便于教师对课程设计的指导,便于学生的自学并顺利地进行课程设计,本书详细叙述了减速器轴结构图、装配图按步骤绘制的方法,同时在书末附有课程设计题目、答辩参考题、减速器及螺旋装置的设计计算说明书及其全套图纸的设计实例等参考内容。

本书由无锡工艺职业技术学院机电教研室教师合作完成。张锦明、吴迎春、王维英编写,并由张锦明任主编、赵翠萍任主审。

限于编者水平,且编写时间仓促,书中不妥之处在所难免,恳请读者给予批评指正。

编　者

2013 年 8 月

目　　录

第 1 章　概论 ··· 1
1.1　课程设计的目的 ·· 1
1.2　课程设计的内容 ·· 1
1.3　减速器与螺旋传动装置简介 ··· 2

第 2 章　电动机的选择及运动参数的计算 ··· 5
2.1　电动机的选择 ··· 6
2.2　总传动比的计算及传动比分配 ··· 8
2.3　传动装置运动参数的计算 ··· 10

第 3 章　传动零件和轴的设计计算 ··· 14
3.1　传动零件的设计计算 ··· 14
3.2　轴的设计计算 ··· 40

第 4 章　减速器结构与润滑 ·· 44
4.1　减速器结构概述 ·· 44
4.2　减速器箱体结构及设计 ··· 46
4.3　减速器附件设计 ·· 55
4.4　减速器的润滑 ··· 64
4.5　伸出轴与轴承盖间的密封 ··· 66

第 5 章　简易螺旋传动装置的设计计算 ··· 69
5.1　简易螺旋传动装置螺杆与螺母的设计 ··· 69
5.2　简易螺旋传动装置机架的设计 ··· 81

第 6 章　装配图的设计及绘制 ··· 84
6.1　减速器装配图设计的准备 ··· 84
6.2　绘制减速器轴结构图 ··· 84
6.3　绘制减速器装配图 ·· 92
6.4　简易螺旋传动装置装配图的绘制 ··· 100
6.5　减速器装配图常见的错误示例 ··· 101

第7章　零件图的绘制……………………………………………………………108

7.1　零件图绘制的要求与方法　……………………………………………108

7.2　轴零件图的设计与绘制　………………………………………………112

7.3　齿轮零件图的设计与绘制　……………………………………………115

7.4　箱体零件图的设计与绘制　……………………………………………119

7.5　减速器中其他零件图的设计与绘制　…………………………………121

7.6　简易螺旋装置中零件图的绘制　………………………………………123

第8章　设计说明书的编写及答辩准备……………………………………………124

8.1　设计说明书的内容　……………………………………………………124

8.2　对设计说明书的要求　…………………………………………………124

8.3　设计说明书的模板及相关处理　………………………………………125

8.4　答辩准备　………………………………………………………………128

附录1　减速器参考图例……………………………………………………………129

附录2　课程设计题目………………………………………………………………131

附录3　答辩参考题…………………………………………………………………134

附录4　减速器与螺旋千斤顶设计示例……………………………………………136

参考文献与应用软件…………………………………………………………………206

第 1 章 概 论

1.1 课程设计的目的

机械设计基础课程设计,是学完《机械设计基础》课程后进行的一个重要的实践性教学环节,也是机械类、近机类专业学生第一次较为全面的机械设计训练,其目的是:①运用、巩固课程所学的理论知识,培养学生进行机械设计的初步能力;②掌握一般机械传动装置的设计方法、设计步骤,为后面的专业课课程设计及毕业设计打好基础;③运用和熟悉设计资料,了解有关的国家标准、部颁标准及规范;④进一步掌握 AutoCAD、尧创 CAD 等机械绘图软件和其他一些设计软件的使用方法;⑤建立起正确的设计思想,为在以后的工作中能运用该思想分析并解决机械方面的一些实际问题奠定基础。

多年的教学实践证明:以齿轮(蜗杆)减速器为题进行机械设计基础课程设计,能较好地达到上述目的。这是因为:传动装置是机器的重要组成部分,而齿轮、蜗轮减速器是较为典型,应用最广的传动装置,掌握它的设计方法、设计步骤,就可以举一反三,掌握其他传动装置的设计方法,从而了解机器的设计。另外根据现在高职院校对课程设计安排的时间普遍减少,考虑到学生掌握设计知识等的实际情况、再考虑到毕业后到企业从事的工作,全部以减速器为题进行课程设计已不符合实情。为了得到设计方面的一些训练,因此以简单的螺旋传动装置作为设计题目也不失为一个很好的选择。因此根据不同的实际情况选择不同类型、不同参数的题目进行设计训练是在新形势下教学的需要。

1.2 课程设计的内容

机械设计基础课程设计,根据设计题目的不同,其设计所包括的内容也不尽相同。减速器的设计通常包括的内容有:①电动机的选择与运动参数的计算;②传动零件(如带传动、齿轮或蜗杆传动)的设计;③轴的设计;④滚动轴承的选择;⑤键和联轴器的选择及校核;⑥箱体、润滑及附件的设计;⑦装配图、零件图的绘制;⑧设计说明书的编写。螺旋传动装置的设计通常包括的内容有:①螺旋传动主要参数的确定;②螺旋传动的强度、效率、稳定性计算;③机架主要部位的强度计算;④装配图、零件图的绘制;⑤设计说明书的编写。

这些内容是《机械设计基础》课程的精髓。通过完成以上内容,不仅能使学生运用和巩固所学理论知识,而且还能使学生懂得在从事机械设计时,必须综合考虑强度、刚度、结构、工艺、装配、润滑、密封、经济性等多方面的问题,并建立起较为完整的设计概念。通过完成以上内容,还能使学生在计算技能、制图水平、计算机应用能力、熟悉资料及有关标准规范方面得到较好的训练。因此,以齿轮(蜗轮)减速器或螺旋传动装置为题进行机械设计基础课程设计,对加强设计基础技能的训练效果良好。

1.3　减速器与螺旋传动装置简介

1.3.1　减速器

在原动机与工作机之间用来降低转速的独立转动装置,称为减速器,如图1.1、图1.2所示,图1.3、图1.4分别为图1.1、图1.2减速器的简图。

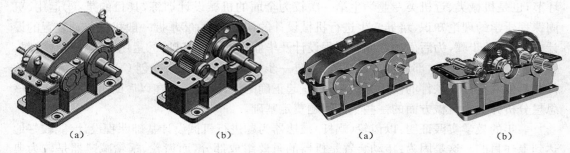

|　　　(a)　　　　　　　　　　(b)|　　　(a)　　　　　　　　　　(b)|
|图1.1|图1.2|

由于使用要求不同,减速器类型甚多,图1.3所示的是一级圆柱齿轮减速器,传动比一般 $i \leqslant 5$,最大值 $i_{max} = 10$,轮齿可为直齿和斜齿。这种减速器结构简单,传递功率大,传动效率高,工艺简单,精度易于保证,一般工厂均能制造,所以应用广泛。斜齿用于速度较高或负载较大的传动。机体通常为铸铁,有时也可采用焊接结构。

图1.4所示的是二级展开式圆柱齿轮减速器,传动比 i 一般为8~40,最大值 $i_{max} = 60$。轮齿可为直齿、斜齿,结构简单,应用广泛。齿轮相对于轴承为不对称布置,因而沿齿向载荷分布不均匀,要求轴有较大刚度,而且齿轮应布置在远离转矩输入/输出端,以减少载荷沿齿向分布不均匀的现象。高速级常用斜齿,建议用于载荷较平稳的场合。

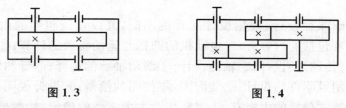

|图1.3|图1.4|

图1.5所示的是单级圆锥齿轮减速器,用于输入轴与输出轴两轴线垂直相交的传动。轮齿可为直齿、斜齿。如果采用直齿,其传动比 i 一般不大于3,如果采用斜齿,其传动比 i 一般不大于5,最大值 $i_{max} = 10$。

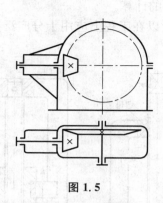

图 1.5

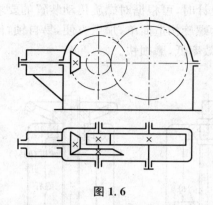

图 1.6

图 1.6 所示的是二级圆锥-圆柱齿轮减速器,用于输入轴与输出轴两轴线垂直相交且传动比较大的传动。锥齿轮应布置在高速级,使其直径不致过大,便于加工。其传动比 i 一般为 10～25,最大值 $i_{max} = 40$。

图 1.7 所示的是一级蜗杆减速器,其单级传动比大,结构紧凑,但传动效率低,用于中小功率、输入轴与输出轴二轴线垂直交错的传动。下置式蜗杆减速器润滑条件较好,应优先选用。当蜗杆圆周速度太高($v > 4$ m/s)时,搅油损失大,采用上置式蜗杆减速器。此时,蜗轮轮齿浸油、蜗杆润滑较差。一级蜗杆减速器,其传动比 i 一般为 10～40,最大值 $i_{max} = 80$。

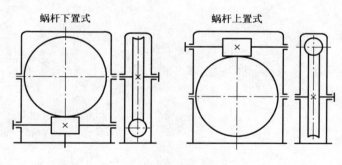

图 1.7

1.3.2　螺旋传动装置

螺旋传动装置,是利用螺杆和螺母的啮合来传递动力和运动的一种机械传动设备。主要用于将旋转运动转换成直线运动,将转矩转换成推力,也可以用来调整零件间的相互位置,有时兼有几种作用。

螺旋传动装置尽管是把旋转运动转换成直线运动,但其运动转变的方式有不同的形式。图 1.8(a)、(b)、(c)、(d)分别表示为螺杆转动,螺母移动;螺母转动,螺杆移动;螺母固定,螺杆转动和移动;螺杆固定,螺母转动和移动几种不同的螺旋运动方式。工程中根据需要选择其中不同的运动方式。

由于图 1.8 螺杆与螺母运动时产生的摩擦是滑动摩擦,所以这种传动也称为滑动螺旋传动。在滑动螺旋传动装置中有些是以传力为主的,这样的传动称为传力螺旋;有些则以传递运动为主的,这样的传动称为传导螺旋;还有的则以调节为主的,这样的传动称为调整螺旋。在设计时,可根据对螺旋传动装置的要求,进行必要的计算。

滑动螺旋构造简单,加工方便,易自锁,传动比大,所以在工程上应用十分广泛;但摩擦大,传动效率低,磨损快。

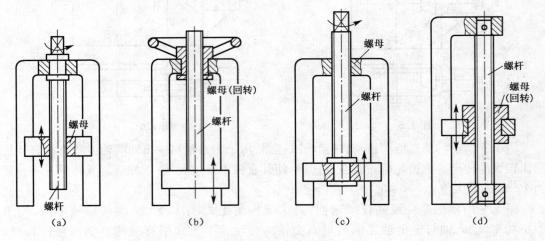

图 1.8

第 2 章　电动机的选择及运动参数的计算

在课程设计中,主要设计的是图 2.1 带式输送机、图 2.2 螺旋式输送机等一般机械中的减速器和图 2.3 螺旋压力机这样的一些螺旋传动装置。

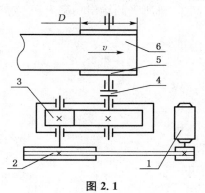

图 2.1
1. 电动机；2. V 带传动；3. 减速器；
4. 联轴器；5. 驱动滚筒；6. 输送带

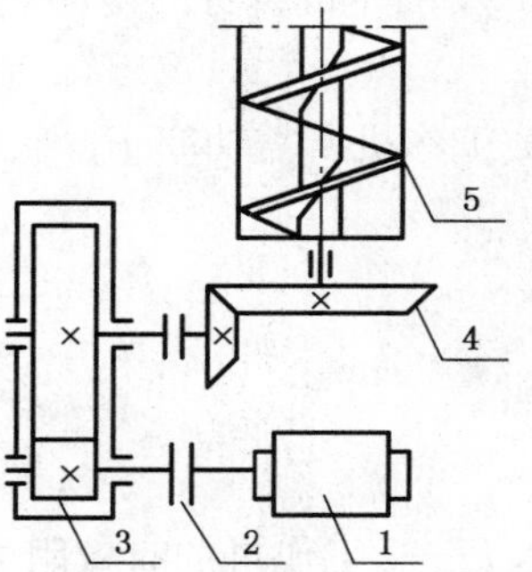

图 2.2
1. 电动机；2. 联轴器；3. 减速器；
4. 圆锥齿轮转动；5. 螺旋输送机

设计减速器或螺旋装置时,需要知道它们所受的载荷及其他一些相关参数。一般这些载荷和参数是通过计算并选择电动机后再确定的。要选择电动机,需要知道上述机器中工作机的相关数据。所以在设计减速器或图 2.3 所示的螺旋压力机前,带式输送机输送带拉力 F、输送带速度 v、驱动滚筒直径 D;螺旋式输送机工作轴的转矩 T、工作轴的转速 n_w;螺杆所受的轴向压力 F、螺杆移动的速度 v 等作为已知条件给出。所以课程设计中减速器的设计一般先计算出工作机的功率、转速,再计算传动系统的效率,最后再通过计算并根据相关情况选定电动机类型、功率、转速,并确定其型号。电动机确定后,对传动系统进行传动比分配,然后再将减速器各根轴上所传递的功率、转速、转矩计算出

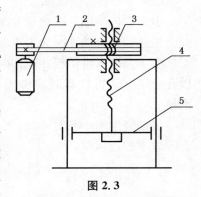

图 2.3
1. 电动机；2. V 带传动；3. 螺母；
4. 螺杆；5. 压板

来,最后再对传动件、轴等零件进行设计。但由于螺旋传动装置螺杆与螺母运动形式的多样性,且在传动中有手动的,也有机动的,所以功率、转速、转矩的计算与减速器有所区别,这就要求针对不同的情况进行不同的对待。

2.1　电动机的选择

2.1.1　电动机输出功率的确定

图 2.1、图 2.2 是两种比较典型的传动装置,图 2.3 则是一种比较典型的机动螺旋装置。在已知图 2.1 中带式输送机输送带拉力 F、输送带速度 v、驱动滚筒直径 D,图 2.2 中螺旋式输送机工作轴的转矩 T、工作轴的转速 n_w,图 2.3 中螺杆所受的轴向压力 F、螺杆移动的速度 v 及工作机自身的传动效率 η_w 这些参数后,电动机所需的输出功率 P_d 可按如下的方法确定。

(1) 工作机所需功率 P_w

$$P_w = \frac{Fv}{1\,000\eta_w} \ \ \text{kW} \tag{2.1}$$

或

$$P_w = \frac{Tn_w}{9\,550\eta_w} \ \ \text{kW} \tag{2.2}$$

式中:F,T——工作机的有效阻力(N)与转矩(N・m);

v,n_w——工作机的速度(m/s)与转速(r/min);

η_w——工作机自身的传动效率。

(2) 传动装置的效率 η

由于在传动中存在轴承的摩擦、齿轮轮齿、螺杆与螺母间的摩擦等其他的摩擦损耗,因此会损耗一部分功率。如果不考虑这部分功率损耗,而直接取电动机的功率作为工作机所需功率 P_w,那么电动机在工作时由于这些摩擦增加的功率损耗会引起过载,从而烧毁。所以在确定电动机功率时应考虑这部分功率损耗。这部分功率损耗的大小用传动效率来衡量。

传动装置为串联时(如图 2.1、图 2.2、图 2.3),总效率 η 等于各级传动效率和轴承、联轴器等效率的连乘积,即:

$$\eta = \eta_1 \eta_2 \eta_3 \cdot \cdots \cdot \eta_k \tag{2.3}$$

式中:$\eta_1,\eta_2,\eta_3,\cdots,\eta_k$——传动装置中各级传动及联轴器的效率。

各类传动、轴承及联轴器等的效率从[1]→【常用基础资料】→【常用资料和数据】→【机械传动效率】查得。

图 2.1 带式输送机总效率 $\eta = \eta_1 \eta_2^2 \eta_3 \eta_4$。其中 η_1、η_2、η_3、η_4 分别为 V 带传动、一对轴承、齿轮传动、联轴器的效率。

图 2.2 螺旋式输送机总效率 $\eta = \eta_1^2 \eta_2^3 \eta_3 \eta_4$。其中 η_1、η_2、η_3、η_4 分别为联轴器、一对轴承、圆柱齿轮传动、圆锥齿轮传动的效率。

图 2.3 螺旋压力机总效率 $\eta = \eta_1 \eta_2 \eta_3$。其中 η_1、η_2、η_3 分别为一对轴承、螺旋传动、V 带传动的效率。

（3）电动机所需输出功率为：

$$P_d = \frac{P_w}{\eta} \text{ kW} \tag{2.4}$$

2.1.2　电动机类型的选择及其转速的确定

电动机是由专门厂批量生产的系列化标准产品，其中三相异步电动机应用最广。设计时只要根据工作机的工作特性、工作环境和工作载荷等条件选择电动机的类型。在三相异步电动机中，Y 系列电动机是一般用途的全封闭自扇冷鼠笼式三相异步电动机，它结构简单、工作可靠、价格低廉、维护方便，因此广泛用于不易燃烧、不易爆、无腐蚀和无特殊要求的机械设备上，为此课程设计中的电动机一般选用 Y 系列电动机。电动机在同一额定功率下有同步转速 3 000 r/min、1 500 r/min、1 000 r/min 和 750 r/min 几种可供选用，所以选择合理的同步转速电动机需要从多方面因素来考虑。同步转速越高，尺寸、重量越小，价格越低，且效率较高；但过高的电机转速将导致传动装置的总传动比、尺寸及重量增大，从而使传动装置的成本增加。因此，确定电动机转速时，应兼顾电动机及传动装置，二者加以综合比较后决定。常用的是同步转速为 1 000 r/min 及 1500 r/min 两种类型的电动机。

2.1.3　电动机型号的确定

电动机类型选定后，其型号可根据输出功率和同步转速确定。但电动机功率只按电动机所需的输出功率 P_d 考虑有时还不行。因为工作机在工作时由于工作载荷的不稳定常常会使电动机过载，这时使得电动机实际输出的功率超过电动机所需的输出功率 P_d，如果电动机长期在这种情况下运行，会发生烧坏。因此选择电动机的额定功率 P 时应大于或等于其计算功率 P_c，计算功率 P_c 为：

$$P_c = kP_d \text{ kW} \tag{2.5}$$

式中：k——过载系数，视工作机类型而定。输送机械一般可取 $k = 1 \sim 1.1$，无过载时可取 $k = 1$；对于受冲击载荷作用的螺旋传动装置可取 $k = 1.5 \sim 2$。

从（2.5）式中计算的 P_c 值往往与电动机的额定功率 P 的标准值是不一致的，为此在电动机的计算功率 P_c 与转速确定后，可从［1］→【常用电动机】→【三相异步电动机】→【三相异步电动机选型】→【Y 系列（IP44）三相异步电动机技术条件】→【电动机的机座号与转速及功率的对应关系】中，选择电动机的额定功率 P、同步转速 n 和机座号。再从［1］→【常用电动机】→【三相异步电动机】→【三相异步电动机选型】→【Y 系列（IP44）三相异步电动机技术】→【机座带底脚、端盖上无凸缘的电动机】选定电动机的主要结构尺寸。

由于［1］→【常用电动机】→【三相异步电动机】→【三相异步电动机选型】→【Y 系列（IP44）三相异步电动机技术条件】→【电动机的机座号与转速及功率的对应关系】中只列出了电动机的同步转速，而设计减速器及其他机械设计时，进行运动计算一般用的是电动机的满载转速而不是同步转速。为此还应根据查出的电动机的机座号和同步转速，找相关资料，查出其满载转速。为了方便起见，对于减速器设计中常用的电动机的型号、同步转速、满载转速列于表 2.1，供在设计时查询。

对于通用机械,常用额定功率 P 作为计算依据;对于专用机械,常用计算功率 P_c 作为计算依据。

表 2.1　Y 系列(IP44)三相异步电动机(JB/T9616—1999)部分技术参数

型　号	同步转速 1 500 r/min		型　号	同步转速 1 000 r/min	
	额定功率 (kW)	满载转速 (r/min)		额定功率 (kW)	满载转速 (r/min)
Y90S - 4	1.1	1 400	Y90L - 6	1.1	910
Y90L - 4	1.5	1 400	Y100L - 6	1.5	940
Y100L1 - 4	2.2	1 430	Y112M - 6	2.2	940
Y100L2 - 4	3	1 430	Y132S - 6	3	960
Y112M - 4	4	1 440	Y132M1 - 6	4	960
Y132S - 4	5.5	1 440	Y132M2 - 6	5.5	960
Y132M - 4	7.5	1 440	Y160M - 6	7.5	970
Y160M - 4	11	1 460	Y160L - 6	11	970
Y160L - 4	15	1 460	Y180L - 6	15	970
Y180M - 4	18.5	1 470	Y200L1 - 6	18.5	970
Y180L - 4	22	1 470	Y200L2 - 6	22	970

2.2　总传动比的计算及传动比分配

2.2.1　总传动比的计算

选定了电动机的型号、功率和转速,要保证电动机转速输出一定的情况下,工作机上的速度满足题中(工作中)的要求,则要计算传动装置的总传动比及对总传动比进行分配。传动装置的总传动比是由电动机的满载转速和工作机的转速决定的。若选定电动机的满载转速为 n,工作机的转速为 n_w,则总传动比为:

$$i = \frac{n}{n_w} \tag{2.6}$$

对于带式运输机,n_w 为驱动滚筒的转速,且:

$$n_w = \frac{60\,000v}{\pi D} \text{ r/min} \tag{2.7}$$

式中:v——输送带的速度(m/s);

D——驱动滚筒的直径(mm)。

对于螺旋传动装置,n_w 为螺杆或螺母的转速,且:

$$n_w = \frac{60v}{s} \quad \text{r/min} \tag{2.8}$$

式中：v——螺杆或螺母移动的速度(mm/s)；

　　　s——螺杆或螺母的导程(mm)。

2.2.2　总传动比的分配

若传动装置中各级传动串联,则总传动比为：

$$i = i_1 i_2 i_3 \cdot \cdots \cdot i_k \tag{2.9}$$

式中：$i_1 \sim i_k$ 为各级传动的传动比。

在图 2.1 中,总传动比 $i = i_1 i_2$,i_1——V 带传动的传动比,i_2——齿轮传动的传动比。

在图 2.2 中,总传动比 $i = i_1 i_2$,i_1——圆柱齿轮的传动比,i_2——圆锥齿轮的传动比。

在图 2.3 中,总传动比就是 V 带传动的传动比。

在输送机中,当总传动比一定的情况下,如果分配给各级的传动比太小,则传动级数增多,从而使材料及加工费用增多,使传动装置的总体尺寸及重量增大；如果分配给各级传动比的值太大,也会带来一系列的问题。因此,合理地分配传动比,即各级传动比如何取值是设计中的一个重要问题。它将直接影响传动装置的外廓尺寸,质量大小和润滑条件（图 2.4、图 2.5）。

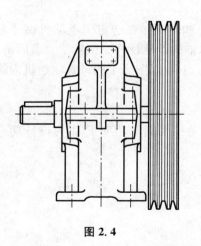

图 2.4

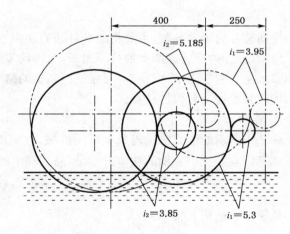

图 2.5

分配传动比时,应在满足各项要求的前提下,力求使传动级数最少。

总传动比分配一般应遵循的原则是：

1. 各级传动的传动比不应超过其传动比所能允许的最大值,最好在推荐范围内选取。如 V 带的传动比 $i \leqslant 5$,常取 $i \approx 3$；链传动的传动比 $i \leqslant 2 \sim 5$；单级闭式直齿圆柱齿轮传动的传动比 $i \leqslant 5$；单级闭式斜齿圆柱齿轮传动的传动比 $i \leqslant 7$；单级闭式直齿圆锥齿轮传动的传动比 $i \leqslant 3$；单级闭式蜗杆传动的传动比 $i \leqslant 10 \sim 70$。对于 V 带传动与圆柱齿轮组成的二级传动系统中（图 2.1）,总传动比 $i = i_1 i_2$。一般应使 $i_1 < i_2$。若 i_1 过大,则大带轮直径过大,整个传动系统不紧凑,同时也不利于传动装置的安装,如图 2.4 所示。

2. 应使传动装置的外廓尺寸尽可能达到最小。

3. 对于展开式两级圆柱齿轮减速器(图 1.2、图 1.4),应使两个大齿轮的浸油深度大致相等,以利于油池润滑。图 2.5 上部高速级中心距为 250 mm,传动比 $i_1 = 3.95$,低速级中心距为 400 mm,传动比 $i_2 = 5.185$,由于低速级齿轮中心距大于高速级齿轮中心距,所以高速级的大齿轮没有浸在油中,这对高速级的齿轮传动润滑是相当不利的,为此必须使高速级的传动比 i_1 与低速级传动比 i_2 满足 $i_1 > i_2$ 的关系。图 2.5 下部传动比 $i_1 = 5.3$,$i_2 = 3.85$,这时高速级与低速级的两只大齿轮都浸在油中,这对齿轮传动的润滑是有利的。

为了使两个大齿轮的浸油深度大致相等,通常取:

$$i_1 = (1.2 \sim 1.3)i_2 \tag{2.10}$$

传动装置的实际传动比要由选定的齿轮齿数等参数来准确计算确定。例如分配齿轮的传动比 $i = 3.1$,在设计齿轮传动时取小齿轮的齿数 $z_1 = 23$,则大齿轮的齿数 $z_2 = iz_1 = 3.1 \times 23 = 71.3$,取 $z_2 = 71$。这时齿轮的实际传动比为 $i = z_2/z_1 = 71/23 = 3.09$,与分配的传动比 3.1 有一些误差。但对于一般用途的传动装置,如带式输送机、螺旋输送机,其传动比一般允许在 $\pm(3 \sim 5)\%$ 范围内变化。也就是说,一般允许工作机实际转速与设定转速之间的相对误差为 $\pm(3 \sim 5)\%$。所以,一般来说最后可以不验算传动装置的转速。

2.3　传动装置运动参数的计算

传动装置的运动参数,主要指的是各轴的功率、转速和转矩。在选定了电动机型号,分配了传动比之后,应将这些参数计算出来,为传动零件和轴的设计计算提供依据。最后将算出的参数汇总列于表中,以备查用(参见例 2.1 的格式)。下面以图 2.1 的带式输送机为例,说明传动装置运动参数的计算。

1. 各轴功率的计算

图 2.1 所示的带式输送机属于通用机械,故应以电动机的额定功率 P 作为设计功率,用以计算传动装置中各轴的功率。于是,高速轴 I 的输入功率:

$$P_{\text{I}} = P\eta_1 \text{ kW} \tag{2.11}$$

低速轴 II 的输入功率:

$$P_{\text{II}} = P\eta_1\eta_2\eta_3 \text{ kW} \tag{2.12}$$

式中:η_1——V 带传动的效率;

　　　η_2——一对滚动轴承的效率;

　　　η_3——一对齿轮传动的效率。

2. 各轴转速的计算

高速轴 I 的转速:
$$n_{\text{I}} = \frac{n}{i_1} \tag{2.13}$$

低速轴 II 的转速:
$$n_{\text{II}} = \frac{n_{\text{I}}}{i_2} \tag{2.14}$$

式中：n——电动机的满载转速（r/min）；

　　i_1——V 带传动的传动比；

　　i_2——齿轮传动的传动比。

3. 各轴输入转矩的计算

高速轴 I 输入转矩：$\qquad T_{\text{I}} = 9\,550\,\dfrac{P_{\text{I}}}{n_{\text{I}}}$ N·m　　　　　　　　　　　　（2.15）

低速轴 II 输入转矩：$\qquad T_{\text{II}} = 9\,550\,\dfrac{P_{\text{II}}}{n_{\text{II}}}$ N·m　　　　　　　　　　　　（2.16）

设计专用的传动装置时，只需将（2.11）式中的电动机额定功率 P 换成其计算功率 P_c 即可。

由于现在企事业单位在进行机械设计时，其计算、绘图、查取数据、编写文件等基本上都是在计算机上完成的，所以现在的机械设计基础课程设计也提倡在计算机上进行。为此用上述相关公式进行的计算，都要记载在计算机上用文字处理软件编写的《机械设计基础课程设计说明书》中。因此在计算之前应在文字处理软件中做好《机械设计基础课程设计说明书》的模板。对于模板的格式、怎样在《机械设计基础课程设计说明书》中插入公式、怎样使用计算机中的计算器等内容可参考第 8 章 8.3 节设计说明书的模板及相关处理这一节。并且尽量按第 8 章 8.2 节对设计说明书的要求去做，这样能方便最后进行的设计说明书的编写和整理工作，同时要养成用计算机进行操作时经常存储的好习惯，以避免数据的丢失。

例 2.1　在图 2.1 所示的带式输送机中，已知输送带的拉力 $F = 3\,\text{kN}$，输送带速度 $v = 1.5\,\text{m/s}$，驱动滚筒直径 $D = 400\,\text{mm}$，驱动滚筒与输送带间的传动效率 $\eta_w = 0.97$，载荷稳定、长期连续工作。试选择合适的电动机并计算该传动装置各轴的运动参数。

解：

（1）电动机的选择

① 带式输送机所需的功率 P_w

由式（2.1）得：

$$P_w = \frac{Fv}{1\,000\eta_w} = \frac{3 \times 1\,000 \times 1.5}{1\,000 \times 0.97} = 4.639 \ \text{kW}$$

从电动机到输送带间的总效率由式（2.3）得：

$$\eta = \eta_1\eta_2^2\eta_3\eta_4 = 0.96 \times 0.99^2 \times 0.97 \times 0.99 = 0.903\,5$$

式中：η_1、η_2、η_3、η_4 分别为 V 带传动、轴承、齿轮传动、联轴器的效率。

由[1]→【常用基础资料】→【常用资料和数据】→【机械传动效率】查得 $\eta_1 = 0.96$，$\eta_2 = 0.99$，$\eta_3 = 0.97$，$\eta_4 = 0.99$。

电动机所需的输出功率由式（2.4）得：

$$P_d = \frac{P_w}{\eta} = \frac{4.639}{0.903\,5} = 5.134 \ \text{kW}$$

② 选择电动机

因为带式运输机传动载荷稳定，取过载系数 $k = 1.05$，由式（2.5）得：$P_c = kP_d =$

$1.05 \times 5.134 = 5.391$ kW。

据表 2.1，取 Y132M2-6 电动机。再由[1]→【常用电动机】→【三相异步电动机】→【三相异步电动机选型】→【Y 系列(IP44)三相异步电动机技术】→【机座带底脚、端盖上无凸缘的电动机】选定电动机的主要结构尺寸。其主要数据如下：

电动机额定功率 P	5.5 kW
电动机满载转速 n	960 r/min
电动机伸出端直径	38 mm
电动机伸出端轴安装长度	80 mm

（2）总传动比计算及传动比分配

① 总传动比计算

据式(2.7)得驱动滚筒转速 n_w：

$$n_w = \frac{60\,000v}{\pi D} = \frac{60\,000 \times 1.5}{3.14 \times 400} = 71.66 \text{ r/min}$$

由式(2.6)得总传动比 i：

$$i = \frac{n}{n_w} = \frac{960}{71.66} = 13.397$$

② 传动比的分配

为了使传动系统结构较为紧凑，取齿轮传动比 $i_2 = 5$，则由式(2.9)得 V 带的传动比：

$$i_1 = \frac{i}{i_2} = \frac{13.397}{5} = 2.679$$

（3）传动装置运动参数的计算

① 各轴的输入功率

由式(2.11)得高速轴的输入功率 P_{I}：

$$P_{\mathrm{I}} = P\eta_1 = 5.5 \times 0.96 = 5.28 \text{ kW}$$

由式(2.12)得低速轴的输入功率 P_{I}：

$$P_{\mathrm{II}} = P\eta_1\eta_2\eta_3 = 5.5 \times 0.96 \times 0.99 \times 0.97 = 5.07 \text{ kW}$$

② 各轴的转速

据式(2.13)得高速轴转速 n_{I}：

$$n_{\mathrm{I}} = \frac{n}{i_1} = \frac{960}{2.679} = 358.34 \text{ r/min}$$

据式(2.14)得低速轴转速 n_{II}：

$$n_{\mathrm{II}} = \frac{n_{\mathrm{I}}}{i_2} = \frac{358.34}{5} = 71.67 \text{ r/min}$$

③ 各轴的转矩

据式(2.15)得高速转矩 T_I:

$$T_I = 9\,550\,\frac{P_I}{n_I} = 9\,550 \times \frac{5.28}{358.34} = 140.716 \text{ N} \cdot \text{m}$$

据式(2.16)得低速转矩 T_{II}:

$$T_{II} = 9\,550\,\frac{P_{II}}{n_{II}} = 9\,550 \times \frac{5.07}{71.67} = 675.576 \text{ N} \cdot \text{m}$$

各轴功率、转速、转矩列于下表:

轴　名	功　率(kW)	转　速(r/min)	转　矩(N·m)
高速轴	5.28	358.34	140.716
低速轴	5.07	71.67	675.576

第 3 章　传动零件和轴的设计计算

在绘制减速器装配图前,首先要对传动零件进行设计计算。因为传动零件尺寸是决定装配图结构和相关零件尺寸的主要依据。其次,还需要通过初算确定各阶梯轴的一段轴径和选择联轴器的型号。设计任务书中所给的工作条件和传动装置的运动参数计算所得数据,则是传动零件和轴设计计算的原始依据。

3.1　传动零件的设计计算

传动零件的设计包括减速器箱外传动零件的设计和减速器箱内传动零件的设计计算。一般情况下,首先是箱外传动零件的设计计算,以便使减速器设计的原始条件比较正确。在设计计算箱内传动零件后,还可能修改箱外传动零件的尺寸,使传动装置的设计更为合理。关于传动零件的设计,在《机械设计基础》等教材中都已叙述,可按这些教材中所述的方法进行,或者根据以下所述的方法在计算机上进行。

3.1.1　V带传动

1. V带传动设计的主要内容

设计V带传动时需要确定的主要内容是:带的型号、根数和长度,传动中心距、带轮的直径和宽度,作用在轴上力的大小,并在必要时验算实际传动比。在设计时还应注意相关尺寸的协调,例如装在电动机轴上的小带轮孔径与电动机轴径是否一致,小带轮的外圆半径是否小于电动机的中心高度(图3.1),大带轮的直径是否过大而与机架相碰等(图2.4)。

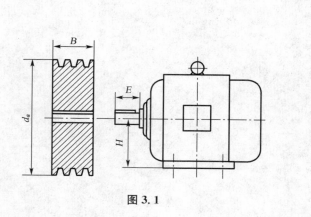

图 3.1

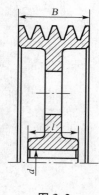

图 3.2

2. V 带轮的结构形式

带轮的结构形式主要取决于带轮直径的大小,其具体结构尺寸可按[1]→【带传动、链传动】→【V 带传动】→【带轮】→【V 带轮的结构形式和辐板厚度】得到,或通过查《机械设计基础》教材、查《机械设计手册》得到。设计时要注意到大带轮轮毂的轴孔直径 d 和长度 l(图3.2)与减速器输入轴伸出处的尺寸关系。带轮轮毂的长度 l 与带轮轮缘的宽度 B 不一定相同。一般轮毂长度 l 按轴孔直径 d 的大小确定,常取 $l = (1.5 \sim 2)d$,而轮缘的宽度 B 则取决于带的型号与根数。

3. V 带传动的计算机计算

在带传动设计之前,小带轮传递的功率 P、转速 n 和一些工作条件都已经明确。为此可以在计算机上打开[1]得到如图 3.3 所示的界面,然后点击左边一栏的【常用设计计算程序】按钮,得到图 3.4 所示的界面。再点击【带传动设计】即得如图 3.5 所示的"带传动设计"程序界面。在该设计程序下,就可以对 V 带传动进行具体的设计。为了比较容易学会该软件的使用,下面结合具体的例子叙述在计算机上设计 V 带传动的全过程。

例 3.1　设计图 2.6 所示的 V 带传动。已知电动机的功率 $P = 5.5\ \text{kW}$,转速 $n = 960\ \text{r/min}$,传动比 $i = 2.679$。传动平稳,要求带中心距 $a \geqslant 900\ \text{mm}$。

解:(1) 由[1]→【常用设计计算程序】→【带传动设计】得到图 3.5 的界面后,点击【开始新的计算】,并在设计者及设计单位中分别填写设计者及设计单位的名称,得图 3.6 所示界面。

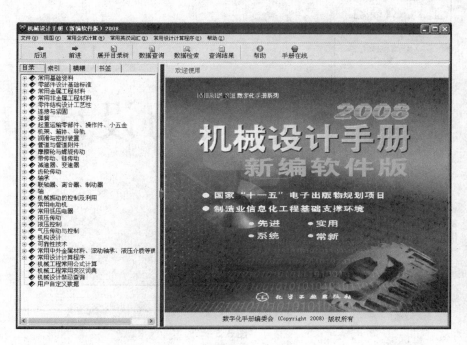

图 3.3

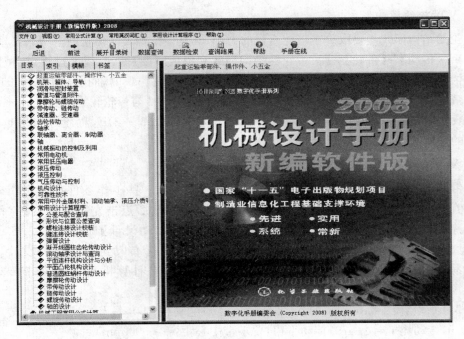

图 3.4

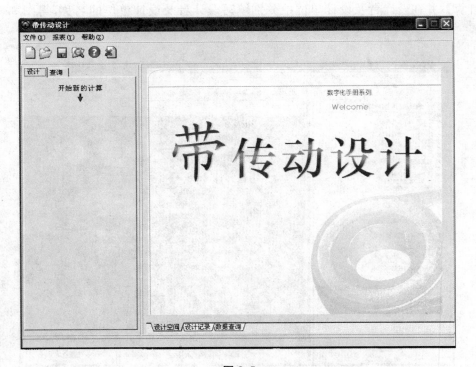

图 3.5

（2）点击图 3.6 界面中的【确定】，得图 3.7 所示界面。选中带传动类型中的 V 型带设计，并选择普通 V 带。

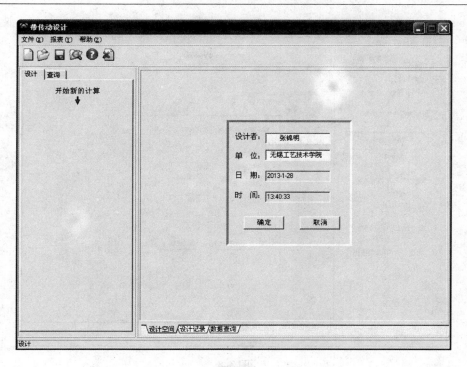

图 3.6

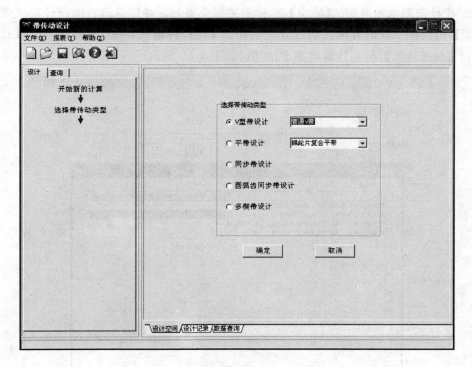

图 3.7

（3）点击图 3.7 界面中的【确定】，得图 3.8 所示界面。然后在相应的地方输入功率、小带轮转速和传动比。在本例题中分别输入 5.5、960 和 2.679。

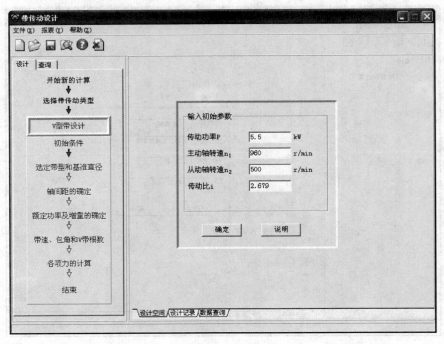

图 3.8

（4）在点击图 3.8 界面的【确定】后，得到另一个界面。在该界面右面设计功率部分，点击【查询】，得到图 3.9 的界面。通过查询后得到 k_A 值，再输入 k_A 值（这里输入 1.1）。再点击查询下面的【计算】，得到计算功率 P_d 的值，如图 3.10 所示。

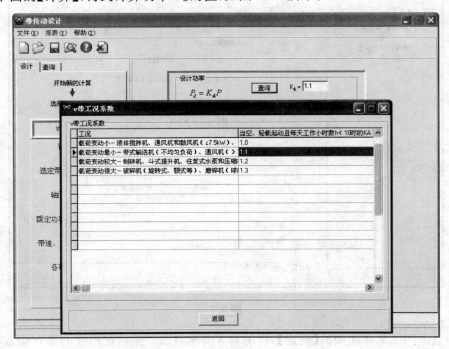

图 3.9

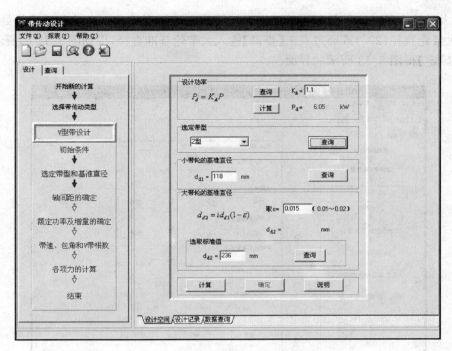

图 3.10

（5）在图 3.10 的界面中，点击选定带型中的【查询】，得到图 3.11 的界面。在该界面中，根据计算功率 P_d、小带轮转速 n_1 选定 V 带型号（A 型），小带轮基准直径 d_{d1}（112）后点击【返回】到图 3.10 的界面。然后在该界面中选取带的型号，填入小带轮直径。再点击【计

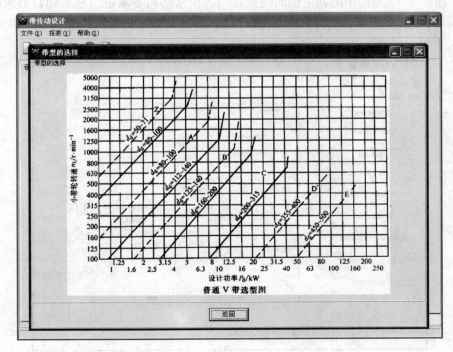

图 3.11

算】算出大带轮直径 d_{d2}(295.55)，然后根据计算的大带轮直径 d_{d2}，在选取标准值处输入圆整后的大带轮直径(295)或通过点击【查询】输入大带轮基准直径，得到图 3.12 的所示界面。再点击【确定】得图 3.13 所示的界面。

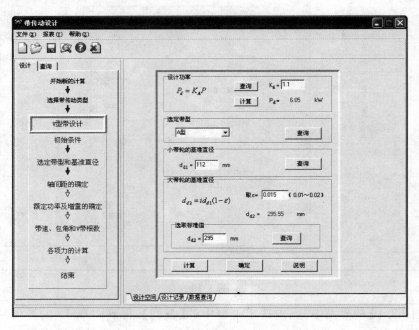

图 3.12

（6）在图 3.13 界面中的初定轴间距里，选取"根据结构要求定"，根据题目要求输入 a_0 值(920)。再在所需基准长度部分中点击【计算】，得到初算出的带的长度(2488.41)。再点

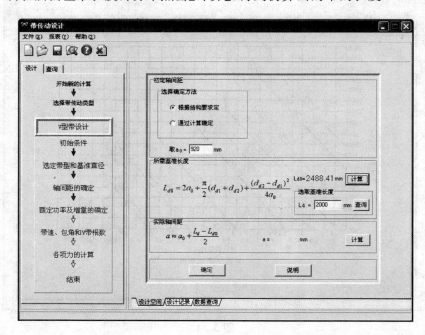

图 3.13

击【查询】，根据初算出的带的长度选取基准长度(2 500)。接着在实际轴间距部分点击【计算】，得到实际轴间距 a 的值。$a \approx 926\ mm$，满足题中带中心距 $a \geqslant 900\ mm$ 的要求，如图3.14所示。

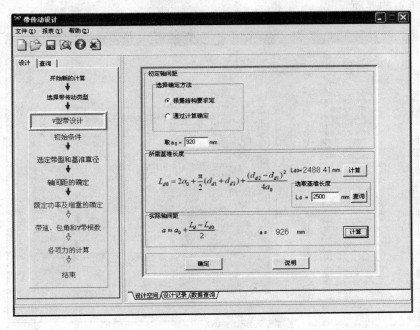

图 3.14

(7) 点击图 3.14 界面中的【确定】后得到图 3.15 的界面。然后点击该界面下边的【数据查询】，得到如图 3.16 的界面。在该图中查询单根 V 带传递的额定功率(1.15)，然后点

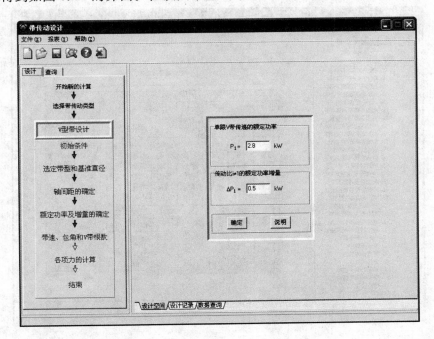

图 3.15

击该界面中的【设计空间】,则返回至图 3.15 的界面。在 P_1 处填入查到的该值,如图 3.18 所示。同理得到图 3.17 传动比 $i \neq 1$ 的额定功率增量(0.11)。点击图 3.18 的【确定】后得到图 3.19 所示的界面。

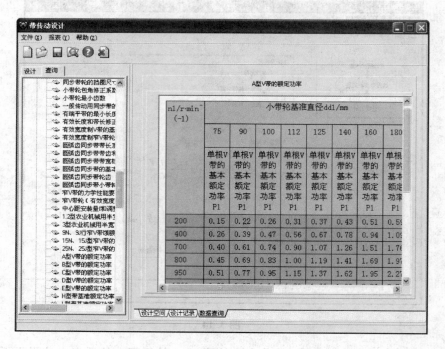

图 3.16

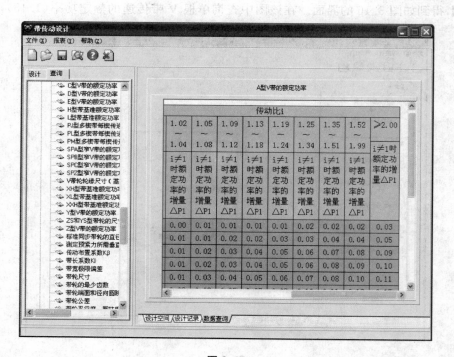

图 3.17

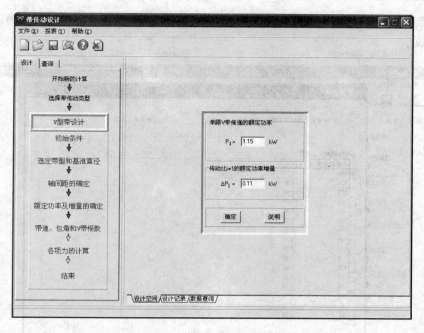

图 3.18

(8) 点击图 3.19 界面中的【计算】，得到带速度 v、小带轮包角 α 的值。如果 V 带的速度在 5～25 m/s 之间，则点击该界面下边的【数据查询】得图 3.20、图 3.21 所示的界面。根据包角 α、带基准长度 L_d 的值查取小带轮包角修正系数 k_α(0.98) 和带长修正系数 k_L(1.09)。然后点击图中下边的【设计空间】返回至图 3.19 的界面，再将这些系数填入该界面的相应

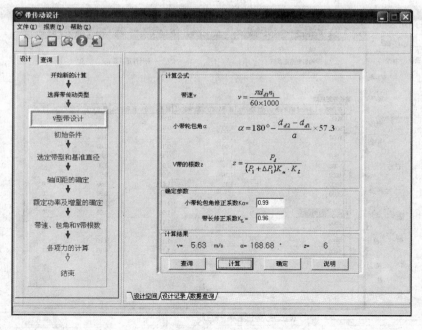

图 3.19

处。然后点击【计算】得到带实际根数 z(5)的值,如图 3.22 所示。最后点击【确定】得到图 3.23 的界面。

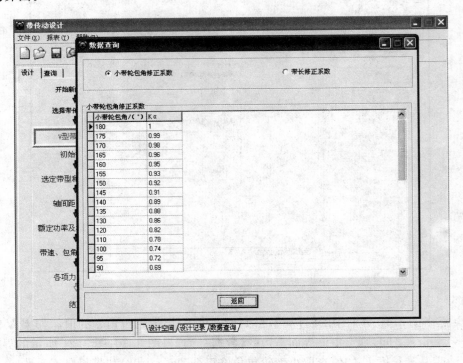

图 3. 20

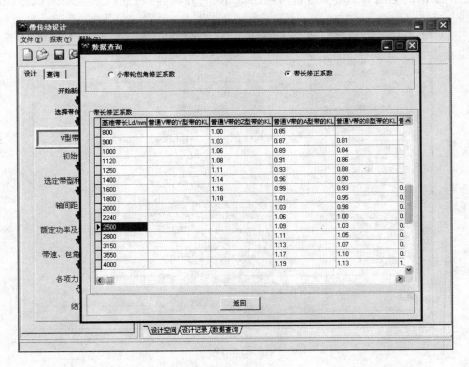

图 3. 21

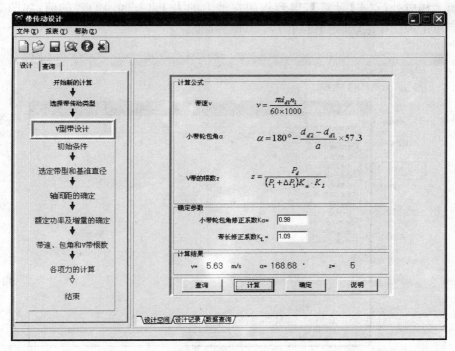

图 3. 22

(9) 通过点击图 3.23 界面中的【查询】得图 3.24 的界面,则根据上面设计中得到的 V 带型号查得其每米长度的质量值(0.10),然后点击【设计空间】返回至图 3.23 的界面,再

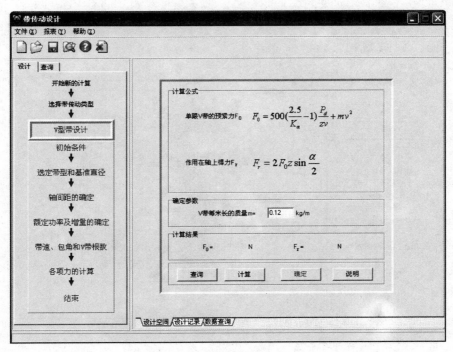

图 3. 23

将该值填入相应处，点击【计算】，得到作用在轴上的力 F_r (1690.12) 等的值，如图 3.25 所示。然后单击该图中的【确定】得到图 3.26 的界面。

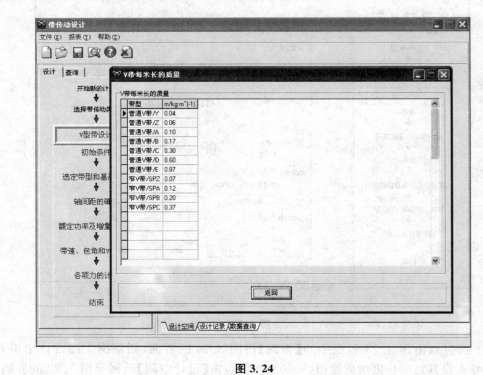

图 3.24

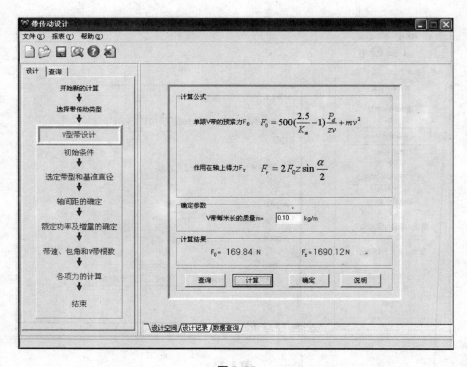

图 3.25

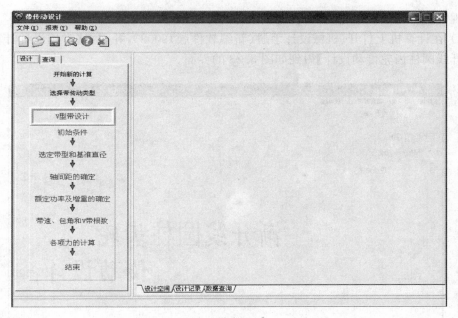

图 3. 26

（10）点击图 3.26 界面下边的【设计记录】便得到图 3.27 界面中的输出数据。这些数据可以复制到 Word 文档的设计说明书中，从而在计算机上能方便地对它进行编辑等操作。

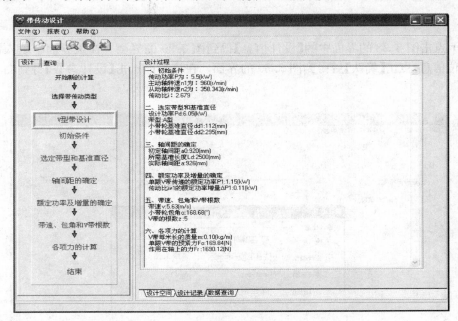

图 3. 27

3. 1. 2　齿轮传动设计

1. 齿轮传动的计算机计算

用《机械设计手册（新编软件版）2008》设计齿轮（或蜗杆）传动时与以上 V 带传动计算

类似,现以直齿轮圆柱齿轮为例,叙述其设计的方法。

(1) 在计算机上打开《机械设计手册(新编软件版)2008》,并点击【常用设计计算程序】
→【渐开线圆柱齿轮传动设计】得到如图 3.28 的界面。

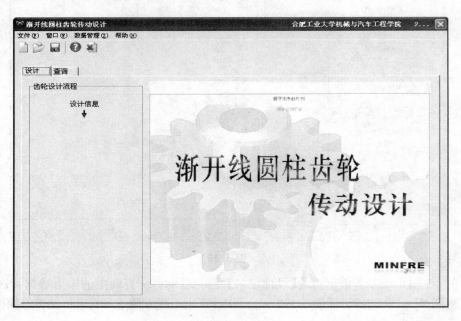

图 3.28

(2) 点击图 3.28 的界面中的【设计信息】得到图 3.29 的界面。在该界面中填入设计者、
设计单位信息,点击【确认】后得到图 3.30 的界面。在该界面点击【设计参数】得到图 3.31 的
界面。

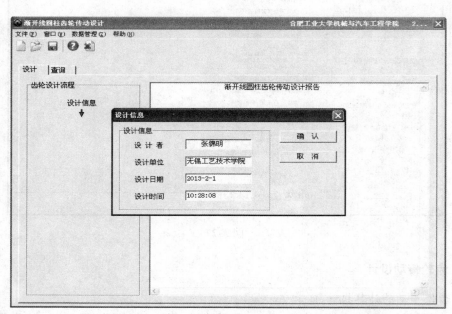

图 3.29

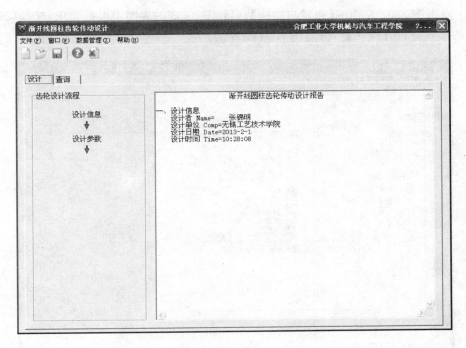

图 3.30

（3）在图 3.31 的界面内输入传递功率、小齿轮转速、传动比及相关条件后，单击【确认】得到图 3.32 的界面。

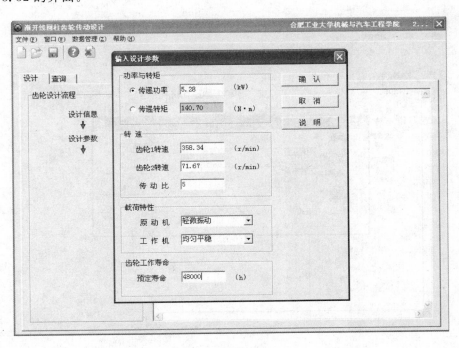

图 3.31

（4）点击图 3.32 左面的【布置与结构】，得到图 3.33 的界面。根据要求，选择齿轮的布置和结构形式，点击【确认】后得到图 3.34 的界面。

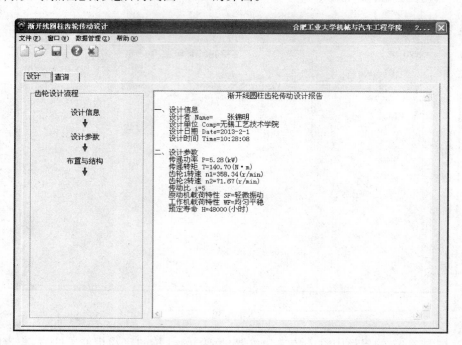

图 3.32

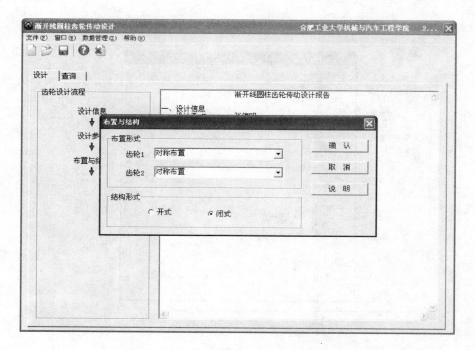

图 3.33

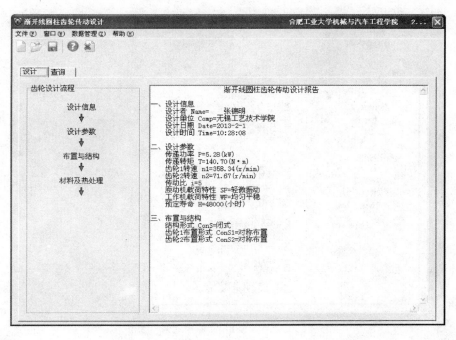

图 3.34

（5）点击图 3.34 界面左面的【材料及热处理】，得到图 3.35 的界面。在该界面中选取齿轮材料及热处理，齿轮齿面硬度。然后点击该界面中的【确认】便得到图 3.36 的界面。

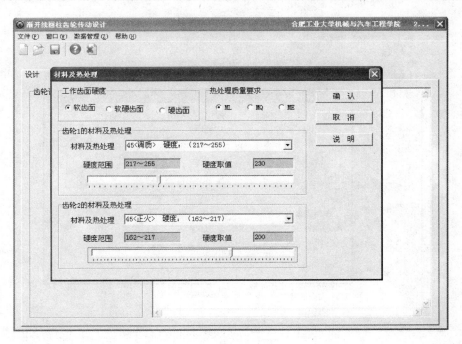

图 3.35

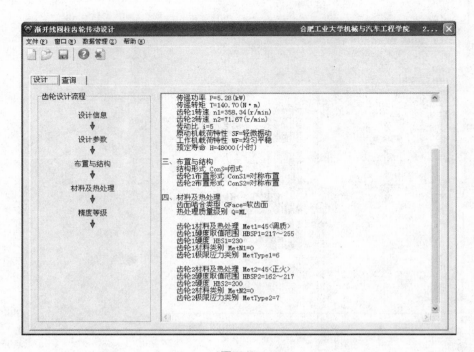

图 3.36

（6）点击图 3.36 界面中【精度等级】得到图 3.37 的界面。在此界面中选择齿轮的精度等级、齿轮齿厚极限偏差代号（见表 7.6），再击【确认】后得到图 3.38 的界面。

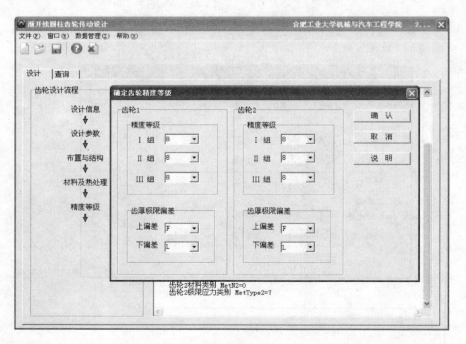

图 3.37

（7）点击图 3.38 界面中的【基本参数】,得到图 3.39 的界面。

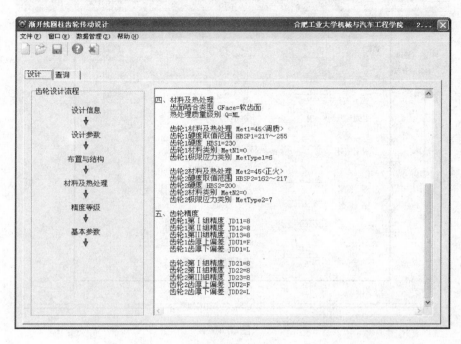

图 3.38

（8）点击图 3.39 界面中的【Yes】,得到图 3.40 的界面。修改小齿轮的齿数,小齿轮的齿宽,使齿宽系数在 0.8~1.4 之间,得到图 3.41 的界面。

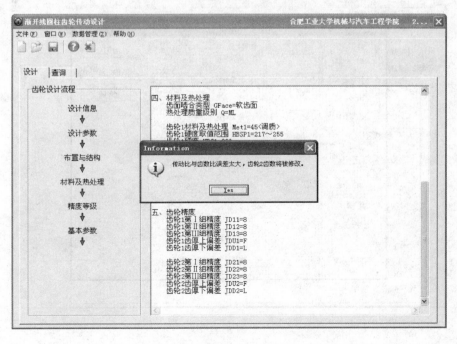

图 3.39

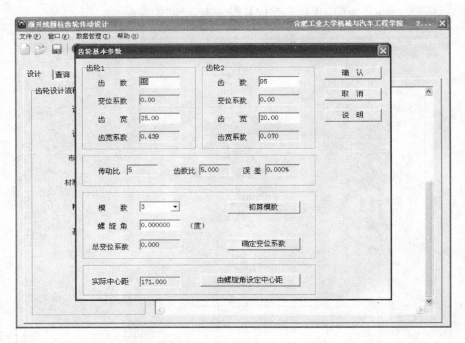

图 3. 40

（9）点击图 3.41 界面中的【初算模数】，得到图 3.42 的界面。在该界面中，调整载荷系数 k，然后点击【确认】得图 3.43 的界面。

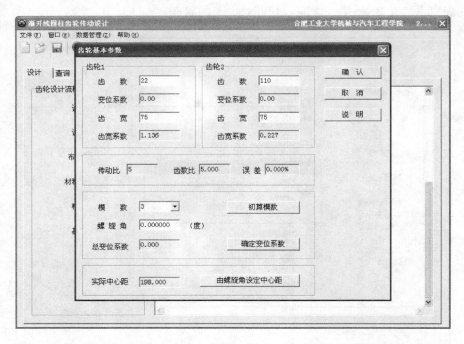

图 3. 41

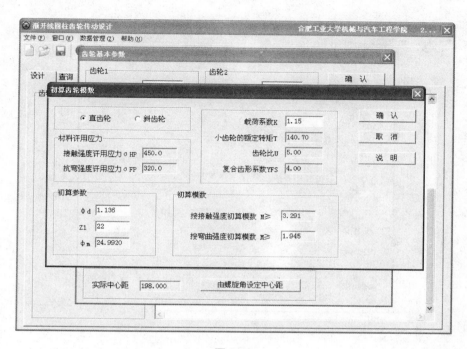

图 3.42

（10）在图 3.43 的界面中，取模数为第一系列的标准值，再调整小齿轮齿宽，并确保其齿宽系数在 0.8～1.4 之间。调整后得到如图 3.44 的界面。

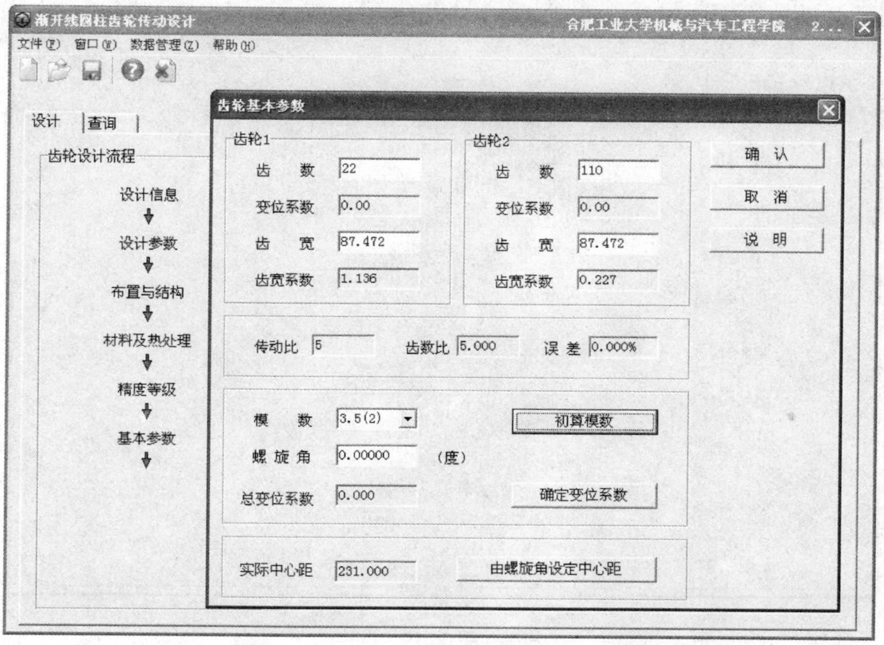

图 3.43

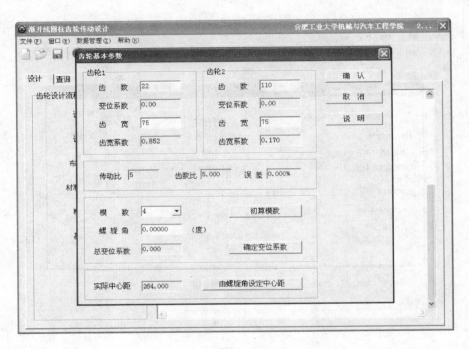

图 3.44

（11）点击图 3.44 界面中的【确认】，得到图 3.45 的界面。

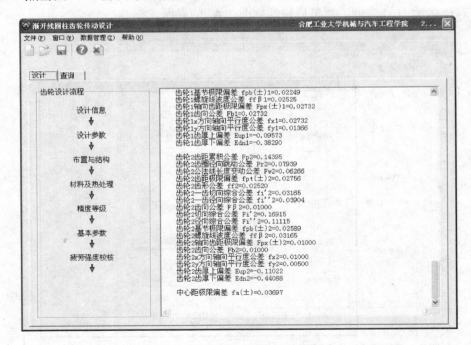

图 3.45

（12）点击图 3.45 界面中左面的【疲劳强度校核】，得到图 3.46 的界面。点击其右面的【重算系数】，得到图 3.47 的界面。在该界面中调整强度校核中的安全系数。

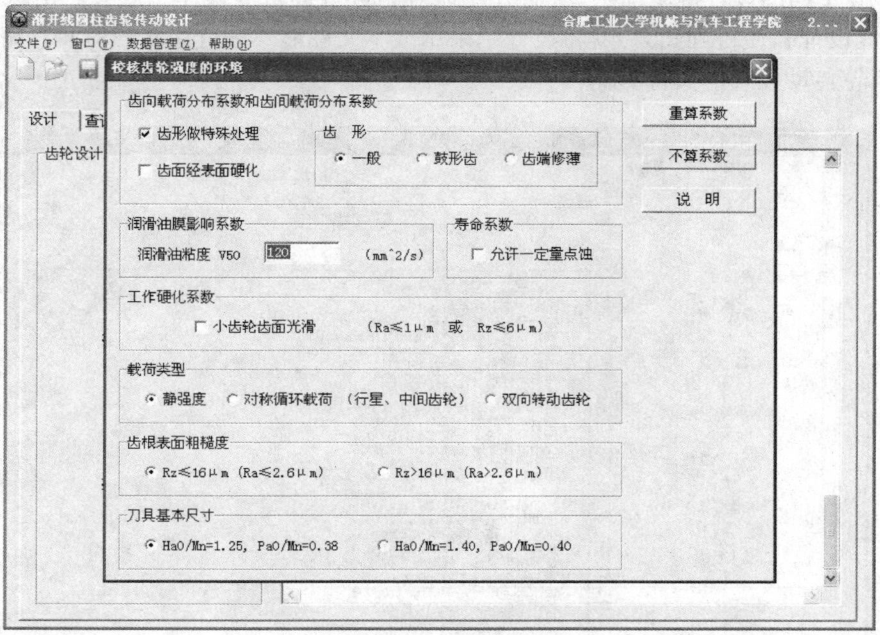

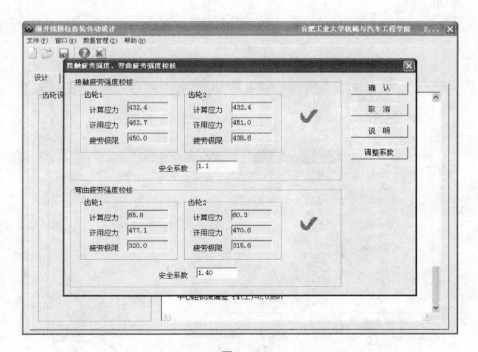

图 3.46

图 3.47

（13）从图 3.47 看出，所设计齿轮的接触疲劳强度、弯曲疲劳强度均足够，所以可点击图 3.47 界面中右侧的【确认】。否则点击【调整系数】或重新进行设计。点击【确认】后得到图 3.48 的界面。图 3.48 界面右侧框中的数据即为齿轮传动设计所需的内容。复制这些内容到 Word 文档的设计说明书中，从而方便地对它进行编辑等操作。或者点击该界面中左侧的【完成设计】，便得到图 3.49 将设计结果用文本文件形式进行存储的界面。储存这渐开线圆柱齿轮传动设计的文件，以备后用。

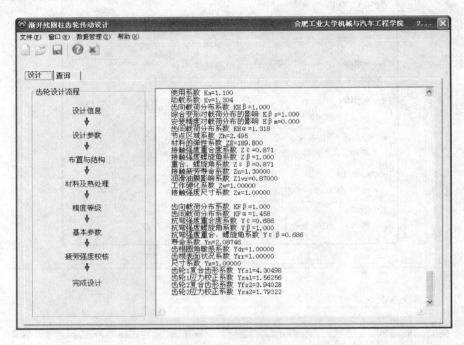

图 3.48

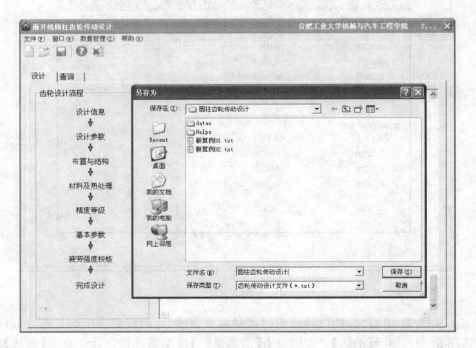

图 3.49

2. 齿轮结构

当齿轮(蜗杆、蜗轮)的模数、齿数、分度圆直径、齿顶圆直径等值计算出来后,可结合安装齿轮处轴的直径进行齿轮的结构设计。如果是圆柱齿轮,则根据设计的齿轮齿顶圆直径、安装齿轮处轴的直径等条件,其结构与其尺寸的计算可参考表 3.1 确定出来。对于蜗杆、蜗轮的结构及其尺寸的计算,可参考表 3.2。

表 3.1　圆柱齿轮结构图

序号	齿坯	结 构 图	结构尺寸(mm)
1	齿轮轴		当 $d_a < 2d$ 或 $X \leqslant 2.5\,m$ 时,应将齿轮做成齿轮轴
2	锻造齿轮	$d_a \leqslant 200$ mm	$D_1 = 1.6d_h$ $l = (1.2 \sim 1.5)d_h, l \geqslant b$ $\delta = (2.5 \sim 4)m_n$,但不小于 $8 \sim 10$ mm $n = 0.5m_n$ $D_0 = 0.5(D_1 + D_2)$ $d_0 = 10 \sim 25$ mm,当 d_a 较小时不钻孔
3	锻造齿轮	$d_a \leqslant 500$ mm	$D_1 = 1.6d_h$ $l = (1.2 \sim 1.5)d_h, l \geqslant b$ $\delta = (2.5 \sim 4)m_n$,但不小于 $8 \sim 10$ mm $n = 0.5m_n \quad r \approx 0.5C$ $D_0 = 0.5(D_1 + D_2)$ $d_0 = 15 \sim 25$ mm $C = (0.2 \sim 0.3)b$,模锻; $0.3b$,自由锻

表 3.2　蜗杆蜗轮结构图

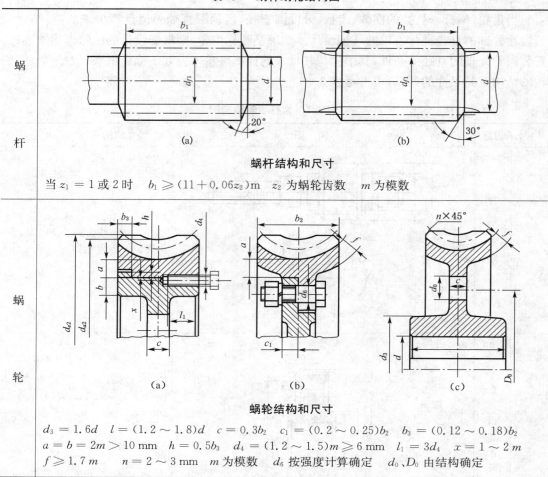

当 $z_1 = 1$ 或 2 时　　$b_1 \geqslant (11 + 0.06z_2)m$　　z_2 为蜗轮齿数　　m 为模数

蜗轮结构和尺寸

$d_3 = 1.6d$　　$l = (1.2 \sim 1.8)d$　　$c = 0.3b_2$　　$c_1 = (0.2 \sim 0.25)b_2$　　$b_3 = (0.12 \sim 0.18)b_2$

$a = b = 2m > 10$ mm　　$h = 0.5b_3$　　$d_4 = (1.2 \sim 1.5)m \geqslant 6$ mm　　$l_1 = 3d_4$　　$x = 1 \sim 2 m$

$f \geqslant 1.7 m$　　　　$n = 2 \sim 3$ mm　　m 为模数　　d_6 按强度计算确定　　d_0、D_0 由结构确定

3.2　轴的设计计算

　　当减速器箱外 V 带等传动和减速器箱内齿轮等传动零件设计计算完成后,就可对支承减速器箱内齿轮等传动零件的轴进行设计。由于轴的设计不仅与传动零件有关,还与箱座、箱盖等的尺寸有关。而箱座、箱盖等尺寸的确定一方面与箱体的结构形式有关,还与齿轮、轴承等的润滑等有关,所以轴设计要比 V 带传动、齿轮传动等的设计复杂。轴的设计可按《机械设计基础》等教材上叙述的方法进行。一般说来轴设计的步骤是:①选择轴的材料和热处理;②初步估算轴的最小直径;③轴的结构设计;④轴的强度校核;⑤绘制轴的零件图。

　　适合做轴的材料很多,但在一般减速器中,轴的材料通常选用 45 钢,并对它进行调质或正火处理。45 号钢正火处理后其硬度为 170～217 HBS,调质处理后其硬度为 217～255 HBS。对于减速器中重要一些的轴,轴的材料可选用 40Cr 等合金钢,并进行调质处理。40Cr 调质处理后其硬度为≤207 HBS(当毛坯直径≤25 mm 时),或 241～286 HBS(当毛坯直径≤100 mm 时）。

初步估算轴的最小直径可用公式：

$$d \geqslant C\sqrt[3]{\frac{P}{n}} \ \text{mm} \tag{3.1}$$

式中：P——轴传递的功率(kW)；

　　　n——轴的转速(r/min)；

　　　C——与轴所用材料有关的常数。

当轴的材料用 45 号钢时，$C = 118 \sim 106$；当轴的材料用 40Cr 钢时，$C = 106 \sim 98$。按公式(3.1)计算出的直径，如果开有键槽时应考虑键槽对轴强度的削弱作用。当开一个键槽时，可将算得的直径增大 3% ~ 5%，如有两个键槽可增大 7% ~ 10%，然后进行圆整。

由于要使减速器各部分能协调的工作，轴的结构设计不仅仅要考虑轴的本身，而且跟轴直接或间接相关的零件也要考虑进去。为此要计算出减速器箱座、箱盖等相关零件的尺寸，这些尺寸的计算可参考第 4 章 4.2 减速器箱体的结构及设计。当这些尺寸算出来后，轴结构图可按照第 6 章 6.2 中叙述的方法，用 AutoCAD、尧创 CAD 等机械绘图软件在计算机上进行绘制。

当轴的结构设计完成后，可进行轴的强度校核。在轴的强度校核中，轴上各受力点间相互尺寸的确定，可以按《机械设计基础》课程中轴一章中所讨论的那样，用计算的方法来确定，但这有一定的麻烦。由于现在轴结构设计是在计算机上用相关的绘图软件完成的，所以可以使用绘图软件中的捕捉及尺寸标注等功能，很方便地将这些尺寸确定出来。这些尺寸数值与用计算方法得到的值是一样的。在计算机上绘制完成并将受力点间尺寸确定出来的轴结构设计图如图 3.50 所示。

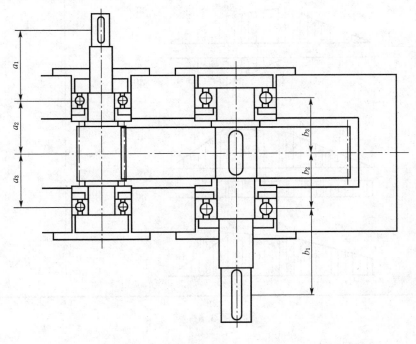

图 3.50

　　轴的结构设计完成并将受力点间尺寸确定出来后,轴的强度校核可按《机械设计基础》教材上叙述的轴强度校核方法进行。强度校核时所需的受力图、弯矩图、合成弯矩图、当量弯矩图也可用尧创 CAD 等机械绘图软件在计算机上绘制。绘制好后,可按第 8 章 8.3 节中叙述的方法,将这些图形插入设计说明书中,如图 3.51 所示。

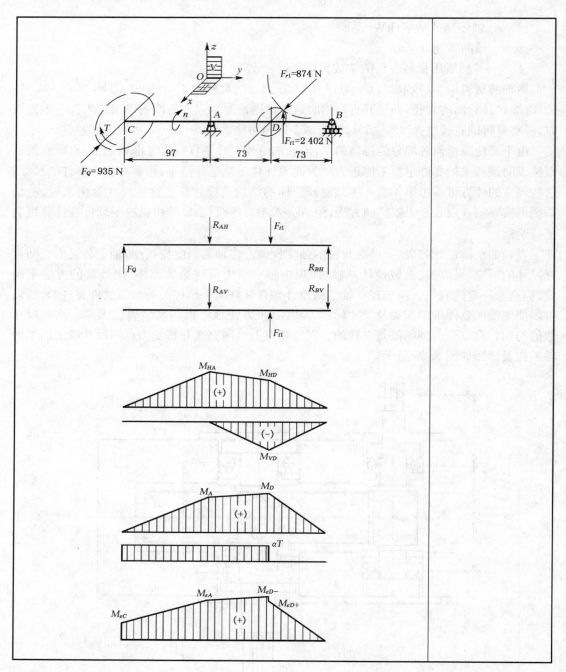

图 3.51

在对轴强度校核时,不同的《机械设计基础》教材,提供的校核方法不尽相同。其校核公式分别有:

$$\sigma_b = \frac{M_e}{W} \leqslant [\sigma_{-1}]_b \qquad\qquad (3.2)$$

$$d \geqslant \sqrt[3]{\frac{M_e}{0.1[\sigma_{-1}]_b}} \qquad\qquad (3.3)$$

上两式中:σ_b——当量弯曲应力(MPa);

　　　　M_e——当量弯矩(N·mm);

　　　　W——轴的抗弯截面模量(mm³);

　　　　d——轴的直径(mm);

　　　　$[\sigma_{-1}]_b$——许用弯曲应力(MPa)。

$[\sigma_{-1}]_b$ 根据轴的材料及热处理等条件在设计轴所用的参考教材《机械设计基础》中查取。如果轴的材料是 45 号钢且调质处理时,可取 $[\sigma_{-1}]_b = 60$ MPa;如果轴的材料是 45 号钢正火处理时,取 $[\sigma_{-1}]_b = 55$ MPa;如果轴的材料是 40Cr 钢调质处理时,取 $[\sigma_{-1}]_b = 70$ MPa。

式(3.2)为一个标准的轴强度校核公式,但当轴上开有键槽用这个公式进行强度校核时,抗弯截面模量 W 的确定相对困难,所以现在对轴强度时校核往往采用的是式(3.3)。当开有一键槽时将式(3.3)计算出的 d 值加大 3%~5%,两个键槽增大 7%~10%,然后与所校核处原先确定的,即轴结构设计图中的轴直径相比较,当算出的直径小于或等于原先确定的轴直径时,强度足够;否则强度不够。强度不够时则应重新设计。用式(3.3)进行强度校核还有一个优点是当计算出的直径远小于原先确定的轴直径时,可以将轴的直径减小,从而节约轴的材料。

第 4 章　减速器结构与润滑

4.1　减速器结构概述

减速器结构因其类型、用途不同而异。但无论何种类型的减速器,其结构都是由轴系部件、箱体和附件三大部分组成。图 4.1、图 4.2 分别为圆柱齿轮减速器和蜗杆减速器的典型结构。图中标出了组成减速器的主要零件、附件的名称、相互关系及计算箱体尺寸时用到的部分代号。

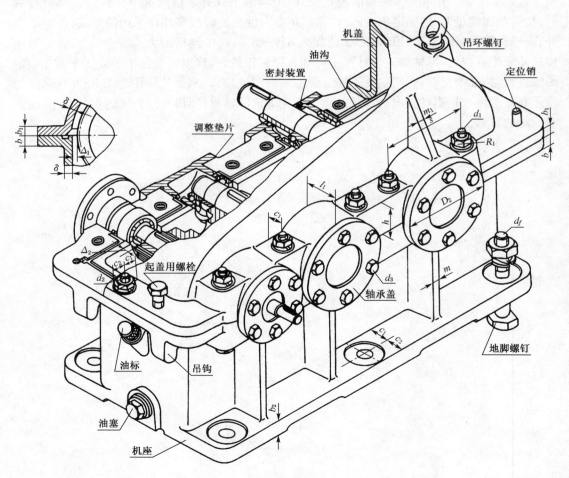

图 4.1

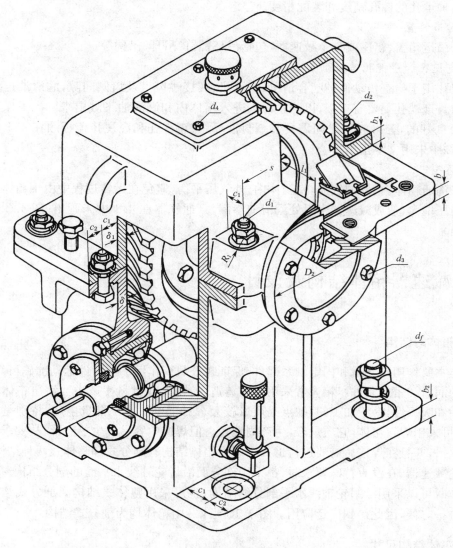

图 4.2

减速器主要附件的作用如下：

1. 放油孔和螺塞

为了换油及清洗箱体时排出污油，在箱体底部设有放油孔。平时放油孔用螺塞堵住，并配有封油圈。

2. 油标

用来检查油面高度，以保证有正常的油量。

3. 启盖螺钉

在箱盖与箱座接合面涂有密封胶或玻璃水时，接合面牢固地"粘接"在一起而不易分开。为此在箱盖凸缘上装有 1～2 个启盖螺钉。在启盖时，拧动此螺钉可将箱盖顶起。

4. 定位销

在箱盖、箱座接合面经加工并用联接螺栓紧固联接后，箱体凸缘上安装两个定位销，以保证箱体轴承孔的镗孔精度和装配精度。

　　5. 起吊装置

　　用于吊运箱盖、箱座或整个减速器，包括吊环螺钉、吊耳、吊钩等。

　　6. 窥视孔和窥视孔盖板

　　窥视孔用于检查传动件的啮合情况、润滑状态、接触斑点及齿侧间隙，润滑油也由此注入箱体内。窥视孔上要有盖板，以防止污物进入箱体内和润滑油飞溅出来。为了保证窥视孔与盖板良好的密封，它们之间需要装纸封油环。（窥视孔和窥视孔盖板图在 4.1 中未画出，图 4.2 中未用文字指出）

　　7. 通气器

　　用来沟通箱体内、外的气流，使箱体内、外气压平衡，避免在运转过程中由于箱体内油温升高使内压增大，造成减速器密封处润滑油渗漏。（通气器在 4.1 中未画出，图 4.2 中未用文字指出）

4.2　减速器箱体结构及设计

4.2.1　箱体的结构

　　箱体主要作用是支承和固定轴系部件，保证在外载荷作用下传动件运动准确可靠，并具有良好的润滑和密封条件。箱体常采用铸铁铸造，特别是在批量生产中。铸造箱体具有良好的刚性和吸振性，易于加工，其缺点是质量较大。对于单件或小批量生产，特别是大型减速器，也可采用焊接箱体，它质量轻，生产周期短。但焊接中容易产生热变形，故要求有较高的技术水平，并且在焊接后需要进行退火处理。箱体结构有剖分式和整体式两种结构形式，对于齿轮减速器，在没有特殊要求时，都采用剖分面沿齿轮轴线水平面的剖分结构。蜗杆减速器箱体既可以采用沿蜗轮轴线水平剖分的结构，也可采用整体式结构。剖分式结构由于其安装维护方便，因此得到广泛应用。图 4.1、图 4.2 中箱体均为剖分式结构。

4.2.2　箱体结构尺寸

　　箱体结构（图 4.3、图 4.4）尺寸及相关零件的尺寸关系经验值见表 4.1 和表 4.2，结构尺寸需要圆整。与标准件有关的尺寸，应符合相应的标准。

4.2.3　箱体结构设计的基本要求

　　设计箱体结构，要保证箱体有足够的刚度、可靠的密封和良好的工艺性。

　　1. 箱体要有足够的刚度

　　箱体刚度不够，会在加工和工作过程中产生不允许的变形，从而引起轴承座中心线歪斜，在传动中使齿轮产生偏载，影响减速器正常工作。因此在设计箱体时，首先应保证轴承座的刚度。为此应使轴承座有足够的壁厚，并加设支撑肋板（图 4.5），当轴承座是剖分式结构时，还要保证箱体的联接刚度。

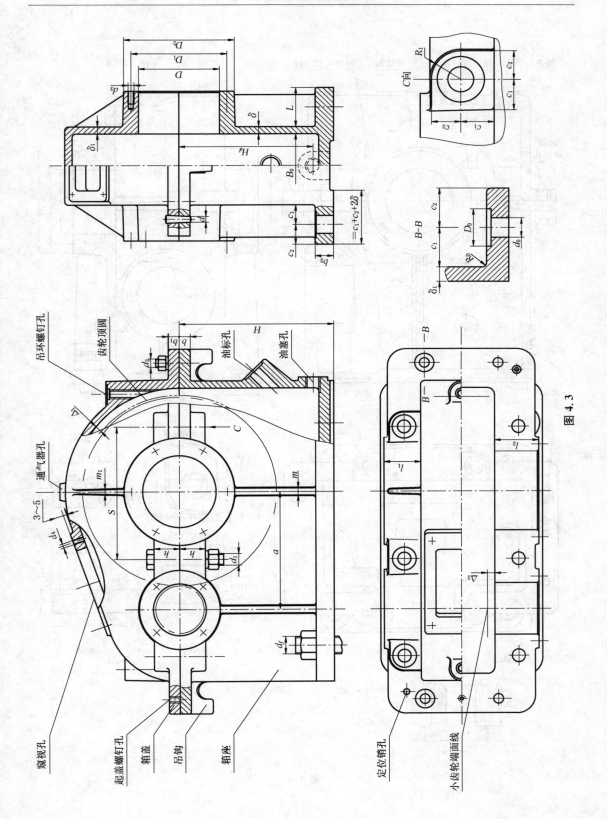

图 4.3

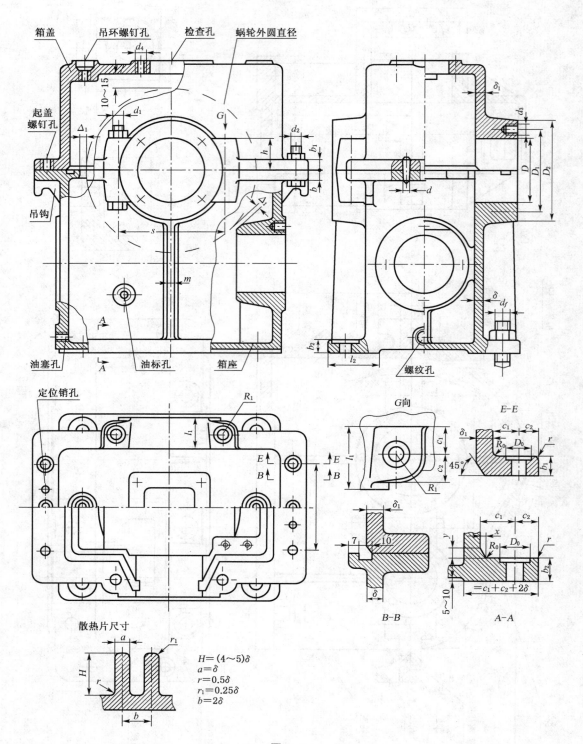

箱盖　吊环螺钉孔　检查孔　蜗轮外圆直径

起盖螺钉孔

吊钩

油塞孔　油标孔　箱座

定位销孔

螺纹孔

散热片尺寸

$H = (4\sim5)\delta$
$a = \delta$
$r = 0.5\delta$
$r_1 = 0.25\delta$
$b = 2\delta$

图 4.4

表 4.1　铸件减速器箱体结构尺寸计算表

名　称	符号	减速器形式与尺寸关系		
		齿轮减速器		蜗杆减速器
箱座壁厚	δ	一级	$0.025a+1 \geqslant 8$ mm	$0.04a+3 \geqslant 8$ mm
		二级	$0.025a+3 \geqslant 8$ mm	
		考虑铸造工艺,所有壁厚都不应小于 8 mm		
箱盖壁厚	δ_1	一级	$0.02a+1 \geqslant 8$ mm	蜗杆在上: $\approx \delta$
		二级	$0.02a+3 \geqslant 8$ mm	蜗杆在下: $= 0.85\delta \geqslant 8$ mm
箱座凸缘厚度	b	1.5δ		
箱盖凸缘厚度	b_1	$1.5\delta_1$		
箱座底凸缘厚度	b_2	2.5δ		
地脚螺钉直径	d_f	$0.036a+12$ mm		
地脚螺钉数目	n	$a \leqslant 250$ mm 时, $n=4$		4
		$a \geqslant 250 \sim 500$ mm 时, $n=6$		
轴承旁联接螺栓直径	d_1	$0.75d_f$		
箱盖与箱座联接螺栓直径	d_2	$(0.5 \sim 0.6)d_f$		
联接螺栓的间距	l	$(150 \sim 200)$ mm		
轴承端盖螺钉直径	d_3	见表 4.9		
窥视孔盖螺钉直径	d_4	见表 4.4		
起盖螺钉直径	d_5	与 d_2 相同		
定位销直径	d	$(0.7 \sim 0.8)d_2$		
d_f、d_1、d_2 至外箱壁的距离	c_1	见表 4.2		
d_f、d_1、d_2 至凸缘边缘的距离	c_2	见表 4.2		
轴承旁凸台半径	R_1	c_2		
凸台高度	h	根据低速级轴承座外径确定,以便于扳手操作为准		
外箱壁至轴承座端面距离	l_1	$l_1 = c_1 + c_2 + (5 \sim 8)$ mm(c_1、c_2 据 d_1 定)		
内箱壁至轴承座端面距离	l_2	$\delta + l_1$		
内箱壁至箱座顶部凸缘长度方向最大端的距离	l_3	$l_3 = \delta + c_1 + c_2$(c_1、c_2 据 d_2 定)		
大齿轮顶圆(蜗轮外圆)与内箱壁的距离	Δ_1	$\geqslant 1.2\delta$		
齿轮(或蜗轮轮缘)端面与内箱壁的距离	Δ_2	$\geqslant \delta$		
箱盖、箱座肋厚	m_1、m	$m_1 \approx 0.85\delta_1$;$m \approx 0.85\delta$		
轴承端盖外径	D_2	凸缘式端盖:见表 4.9;嵌入式端盖: $1.25D + 10$ mm; D——轴承外径		
轴承旁联接螺栓距离	s	尽量靠近,以端盖螺栓 d_1、d_3 互不干涉为准,一般取 $s \approx D_2$		
箱座底部外箱壁至箱座凸缘底座最外端距离	L	$L = c_1 + c_2$(c_1、c_2 据 d_f 定)		

注:两级传动时,a 取低速级中心距;式中(5~8)mm 是考虑轴承旁凸台铸造斜度及轴承座端面与凸台斜度间的距离而给出的大概值。

表 4.2　联接螺栓扳手空间 c_1、c_2 值和沉头座直径　　　　　　　　（mm）

螺栓直径	M8	M10	M12	M14	M16	M18	M20	M22	M24	M27	M30
c_{1min}	13	16	18	20	22	24	26	30	34	36	40
c_{2min}	11	14	16	18	20	22	24	25	28	32	34
通孔直径 d_0（中等装配）	9	11	13.5	15.5	17.5	20	22	24	26	30	33
沉头座直径 D_1	20	24	26	30	32	36	40	42	48	54	60

1）轴承座应有足够的壁厚

当轴承座孔采用凸缘式轴承盖时，由于安装轴承盖螺钉的需要，所确定的轴承座壁厚应具有足够的刚度（该厚度常取 $2.5d_3$，d_3（表 4.9）为轴承盖联接螺栓的直径）。使用嵌入式轴承盖的轴承座时，一般应取与使用凸缘式轴承盖时相同的壁厚，如图 4.5。

2）加支撑肋板

为提高轴承座刚度，一般在箱体外侧轴承座附近加支撑肋板，如图 4.5、图 4.6 所示。

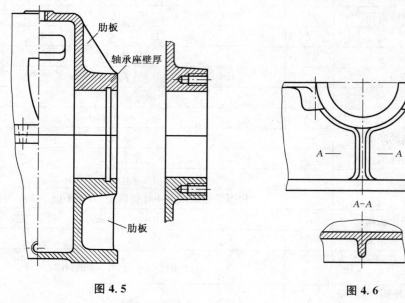

图 4.5　　　　　　　　　　　　　　　　图 4.6

3）提高剖分式轴承座刚度设置凸台

为提高剖分式轴承座的联接刚度，轴承座孔两侧的联接螺栓距离 s 应尽量靠近，为此轴承孔座附近应做出凸台（图 4.7(a)）。在图 4.7(a)中由于 s_1 小且做出了凸台，所以轴承座的刚度大，而图 4.7(b)中由于 s_2 大且没有做出凸台，所以轴承座刚度小。

（1）s 值的确定。

从以上讨论中可知（图 4.7），s 小时可以提高轴承座的刚度。但为了提高轴承座的刚度而使 s 过小，则螺栓孔可能与轴承盖螺孔干涉，还可能与输油沟干涉（图 4.8）。并且还会为了保证扳手空间（图 4.9）将会不必要地加大凸台高度。为此轴承座孔两侧螺栓的距离一般取 $s \approx D_2$，D_2 为凸缘式轴承盖的外圆直径（图 4.10）。

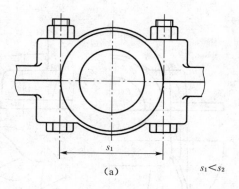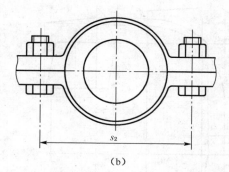

$s_1 < s_2$

(a)　　　　　　　　　　　　　　　　　　(b)

图 4.7

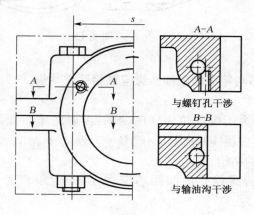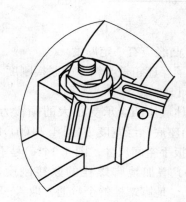

图 4.8　　　　　　　　　　　　　　　图 4.9

(2) 凸台高度 h 值的确定。

凸台高度 h 由联接螺栓中心线位置(s 值)和保证装配时有足够的扳手空间(c_1 值)来确定。其确定过程见图 4.11。为制造加工方便,各轴承座凸台高度应当一致,并且按最大轴承座凸台高度确定。

凸台结构三视图的关系如图 4.12 所示。位于高速级一侧箱盖凸台与箱壁结构的视图关系如图 4.13 所示(凸台位置在箱壁外侧)。

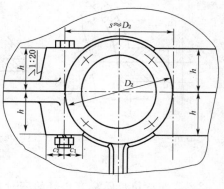

图 4.10

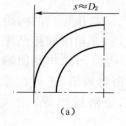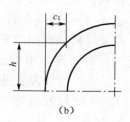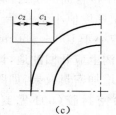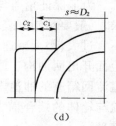

(a)　　　　　　(b)　　　　　　(c)　　　　　　(d)

图 4.11

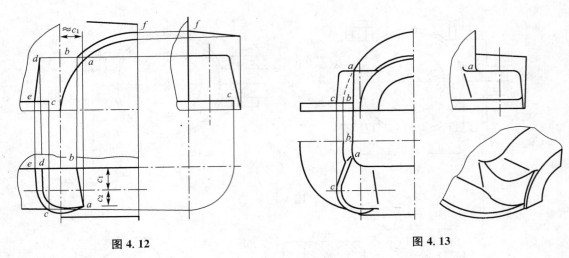

图 4.12　　　　　　　　　　　　　　　　　图 4.13

4) 凸缘应有一定厚度

为了保证箱盖与箱座的联接刚度,箱盖与箱座的联接凸缘应较箱壁 δ 厚些,约为 1.5δ,见图 4.14(a)。

箱体底座凸缘承受很大的倾覆力矩,为了保证箱体底座的刚度,取底座凸缘厚度为 2.5δ,箱座底凸缘宽度 B(图 4.14(b))应超过箱体的内壁,一般 $B = c_1 + c_2 + 2\delta$。c_1、c_2 为地脚螺栓扳手空间尺寸。图 4.14(c)是不好的结构。

为了增加地脚螺栓的联接刚度,地脚螺栓孔的间距不应太大,一般距离为 $150 \sim 200\ mm$。地脚螺栓的个数通常取 $4 \sim 8$ 个。

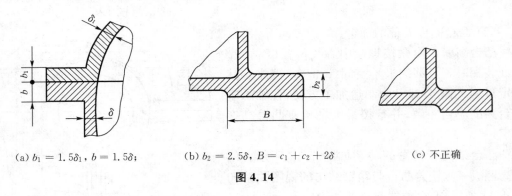

(a) $b_1 = 1.5\delta_1$, $b = 1.5\delta$;　　　　　(b) $b_2 = 2.5\delta$, $B = c_1 + c_2 + 2\delta$　　　　　(c) 不正确

图 4.14

2. 箱盖与箱座间应有良好的密封性

为了保证箱盖与箱座接合面的密封,对接合面的几何精度和表面粗糙度应有一定要求,一般要精刨到表面粗糙度值小于 $R_a = 1.6\ \mu m$,重要的需刮研。凸缘联接螺栓的间距不宜过大,小型减速器应小于 $100 \sim 150\ mm$。为了提高接合面的密封性,在箱座联接凸缘上面开出回油沟。回油沟上应开回油道,让渗入接合面缝隙中的油可通过回油沟及回油道流回箱座的油池内以增加密封效果,如图 4.15(a)所示。为了提高密封效果,还可在箱盖与箱体的接合面上涂密封胶(601 密封胶、7302 密封胶及液体尼龙密封胶等)或水玻璃。

为了保证轴承与座孔的配合要求,一般禁止用在接合面上加垫片的方法来密封。

当减速器中滚动轴承采用飞溅润滑时,常在箱座结合面上制出输油沟(图 4.15(b)),使飞溅的润滑油沿着箱盖壁汇入输油沟流入轴承室。

图 4.15(b)、(c)为不同加工方法得到的油沟形式及设计油沟时的参考尺寸。

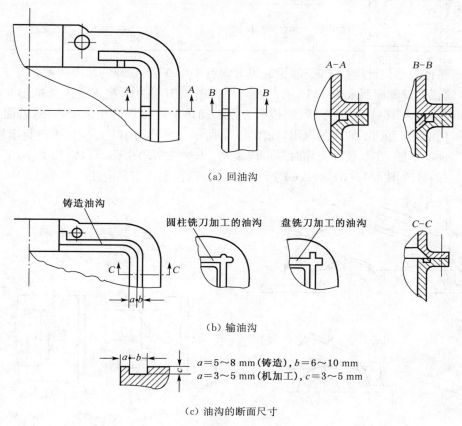

(a) 回油沟

(b) 输油沟

$a=5\sim8$ mm(铸造),$b=6\sim10$ mm
$a=3\sim5$ mm(机加工),$c=3\sim5$ mm

(c) 油沟的断面尺寸

图 4.15

3. 箱体结构要有良好的工艺性

箱体结构工艺性主要包括铸造工艺性和机械加工工艺性等方面,良好的工艺性对提高加工精度和生产率、降低成本、提高装配质量及检修维护等有重大影响,因此设计箱体时要特别注意。

1) 铸造工艺性

设计铸造箱体时应充分考虑铸造过程的规律,力求形状简单,结构合理,壁厚均匀,过渡平缓。保证铸造方便、可靠,尽量避免产生缩孔、缩松、裂纹、浇注不足和冷隔等各种铸造缺陷。为了保证液态金属流动畅通,以免浇注不足,铸造壁厚不能太薄。箱座壁厚 δ 和箱盖壁厚 δ_1 按表 4.1 中公式计算。砂型铸造圆角半径可取 $R \geqslant 5$ mm。当箱体由较厚部分过渡到较薄部分时,为了避免缩孔或应力裂纹,壁与壁之间应采用平缓的过渡结构,其具体尺寸见表 4.3。

表 4.3　铸造过度部分尺寸　　　　　　　　　　　　　　　　　　　　　　　　　　　(mm)

	铸件壁厚 δ	x	y	R_0
	10～15	3	15	5
	>15～20	4	20	5
	>20～25		25	5

铸造箱体外形设计应便于起模,沿起模方向有 1：10～1：20 的起模斜度。为了减小机加工面,窥视孔口部应制成图 4.16 的凸台。但在图 4.16(a)中,窥视孔 I 处的形状将影响拔模,如改为图 4.16(b)中的形状,则拔模方便。箱体上应尽量避免活块造型,若需要活块造型的结构时,应有利于活块的取出,如图 4.17 所示。另外箱体上还应尽量避免出现夹缝,否则砂型强度不够,在取模和浇注时易形成废品。图 4.18(a)中两凸台距离太小,应将两凸台连在一起,做成图 4.18(b)、(c)、(d)所示的结构,以便于造型和浇注。

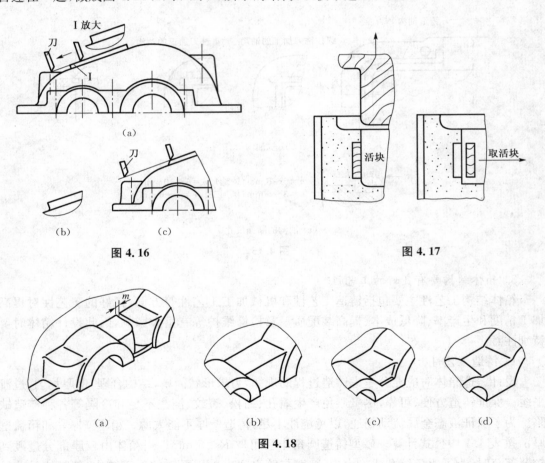

图 4.16　　　　　　　　　　　　　　　图 4.17

图 4.18

2) 机械加工工艺性

机械加工工艺性综合反映了零件机械加工的可行性和经济性。在进行机械结构设计时,为了获得良好的机械加工工艺性,应尽可能减少机械加工量,为此在箱体上需要合理设计凹坑或凸台,采用沉头座孔等以减少机械加工表面的面积,如图 4.19 所示。

　　在图 4.16(a)中,刨刀刨削窥视孔凸台支承面时,刨刀将与吊环螺钉座相撞,为此因设计成图 4.16(c)的结构。

　　螺栓联接支承面的沉头座孔经常用圆柱铣刀铣出,如图 4.20(a)所示。如果圆柱铣刀不能从下方进行加工时可采用图 4.20(b)所示的方法。

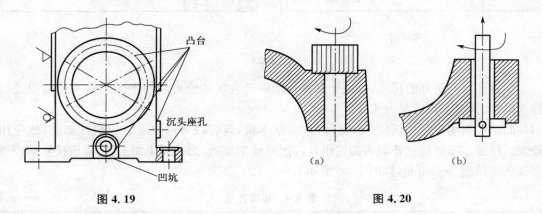

图 4.19　　　　　　　　　　(a)　　　　　　　(b)

图 4.20

　　在机械加工时还应尽量减少工件和刀具的调整次数,以方便加工。如同一轴线上两轴承座孔的直径应相同,以便做一次装夹,用一把刀具完成两孔的加工。在同一方向的各轴承座处端面应在同一平面上,加工面与非加工面严格分开,以便加工,如图 4.21 所示。

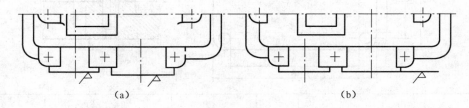

(a)　　　　　　　　　　　　　　　(b)

图 4.21

4.3　减速器附件设计

4.3.1　窥视孔和窥视孔盖板

　　窥视孔应设在箱盖的上部,其位置应该位于两齿轮啮合的上部,如图 4.22 所示。

　　平时窥视孔用盖板盖住,并用螺钉紧固,以防止污物进入机体和润滑油飞溅出来。盖板下面应加有防渗漏的纸质密封垫片,以防止漏油。盖板可用轧制钢板也可以用铸铁制成。由于轧制钢板的窥视孔盖板结构轻便,上下面无须机械加工,因此无论单件或成批生产均常采用(见图 4.23(a))。

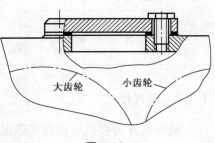

图 4.22

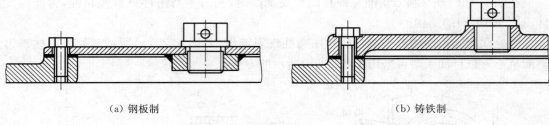

　　　　　　（a）钢板制　　　　　　　　　　　　　　　　　　（b）铸铁制

图 4. 23

　　窥视孔要有足够的尺寸,以便于观察传动件啮合区的位置和便于人手伸入箱体内进行检查操作,其参考尺寸见表 4.4。

　　而铸铁制窥视孔盖板(图 4.23(b)),需制木模,且有较多部位需进行机械加工,故应用较少。箱盖上安放窥视孔盖表面应进行刨削或铣削加工,为了便于加工,与盖板接触的表面窥视孔应凸起 3～5 mm,如图 4.16 所示。

表 4.4　窥视孔盖　　　　　　　　　　　　　　　　　　　　　　（mm）

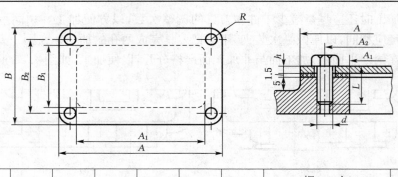

| A | B | A_1 | B_1 | A_2 | B_2 | h | R | 螺　钉 | | | 中心距 |
								d	L	个数	
90	70	60	40	75	55	3	10	M8	10	4	一级 $a \leqslant 150$
120	90	90	60	105	75	3	10	M10	15	4	一级 $a \leqslant 250$
180	140	150	110	165	125	3	15	M10	15	6	一级 $a \leqslant 350$
200	180	160	140	180	160	4	15	M12	15	6	一级 $a \leqslant 450$
140	120	110	90	125	105	3	10	M12	15	6	二级 $a_\Sigma \leqslant 250$
180	140	150	110	165	125	3	10	M12	15	6	二级 $a_\Sigma \leqslant 425$
220	160	160	100	190	130	4	15	M12	15	8	二级 $a_\Sigma \leqslant 500$

4.3.2　通气器

　　通气器安装在机盖顶部或窥视孔盖上。常用的通气器有简易通气器(如通气螺塞)和网式通气器两种结构形式,如图 4.24 所示。简易的通气器常用带孔螺钉制成,但通气孔不直通顶端,以免灰尘进入,这种通气器用于比较清洁的场合。网式通气器有金属网,可以减少停车后灰尘随空气吸入箱体,它用于多尘环境的场合。通气器的尺寸规格有多种,应视减速器的大小选定。简易式通气器的尺寸见表 4.5。

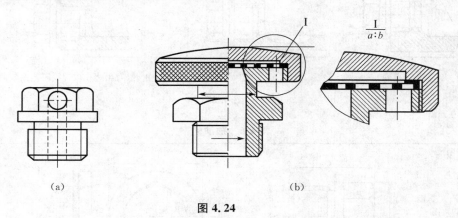

(a)   (b)

图 4.24

表 4.5 简易式通气器 (mm)

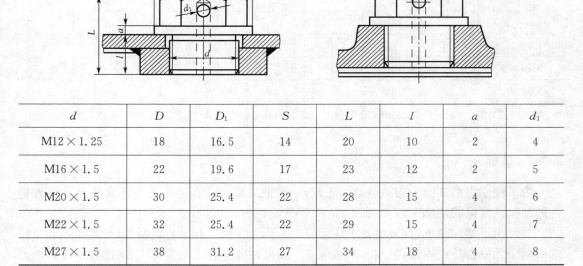

d	D	D_1	S	L	l	a	d_1
M12×1.25	18	16.5	14	20	10	2	4
M16×1.5	22	19.6	17	23	12	2	5
M20×1.5	30	25.4	22	28	15	4	6
M22×1.5	32	25.4	22	29	15	4	7
M27×1.5	38	31.2	27	34	18	4	8

注:S 参见表 4.6 图。

4.3.3 放油孔和放油螺塞

为了将污油排放干净,放油孔应设置在油池的最低位置处(图 4.25),其螺纹小径应与箱体内底面取平。为了便于加工,放油孔处的箱体外壁应有凸台,经机械加工成为放油螺塞头部的支承面。支承面处的封油垫片可用石棉橡胶或皮革制成。放油螺塞采用细牙螺纹。为了便于放油。放油孔和放油螺塞安置在减速器不与其他部件靠近的一侧,放油螺塞及封油垫片的结构尺寸见表 4.6。

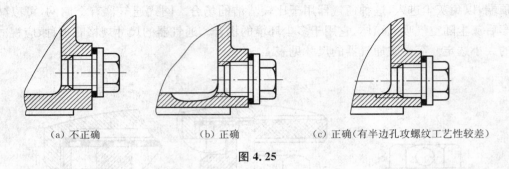

(a) 不正确　　　　　　　　(b) 正确　　　　　　　(c) 正确(有半边孔攻螺纹工艺性较差)

图 4.25

表 4.6　放油螺塞　　　　　　　　　　　　　　　　　　(mm)

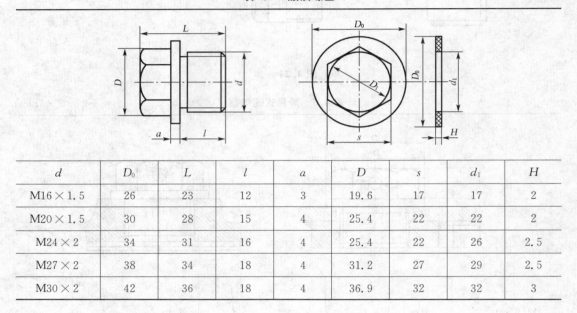

d	D_0	L	l	a	D	s	d_1	H
M16×1.5	26	23	12	3	19.6	17	17	2
M20×1.5	30	28	15	4	25.4	22	22	2
M24×2	34	31	16	4	25.4	22	26	2.5
M27×2	38	34	18	4	31.2	27	29	2.5
M30×2	42	36	18	4	36.9	32	32	3

4.3.4　油标

　　为了便于观察油池中的油量是否正常,一般把油标设置在箱体上便于观察且油面较稳定的部位。常见的油标有油尺、圆形油标、管状油标等,如图 4.26 所示。

　　油尺由于结构简单,在减速器中应用较多。为便于加工和节省材料,油尺的手柄和尺杆常由两个元件铆接或焊接在一起,见表 4.7。油尺在减速器上安装,可采用螺纹联接,也可采用 H9/h8 配合装入。检查油面高度时拔出油尺,以杆上油痕判断油面高度。在油尺上刻有最高和最低油面的刻度线,油面位置在这两个刻度线之间视为测量正常。如果需要在运转过程中检查油面,为避免因油搅动影响检查效果,可在油尺外装隔离套(图 4.26(b))。设计时,应注意到箱座油尺孔的倾斜位置便于加工和使用(图 4.27)。在不与机体凸缘相干涉,并保证顺利装拆和加工的前提下,油尺的设置位置应尽可能高一些,以防油进入油尺座孔而溢出,并与水平面夹角不得小于 45°。其主视图与左视图间的投影关系如图 4.28 所示。

　　在减速器离地面较高为了便于观察或箱座较低无法安装油尺的情况下,可采用圆形油标或管状油标,如图 4.26(c)、(d)所示。

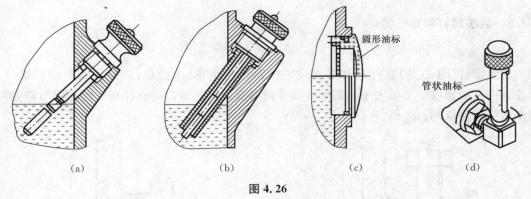

（a）　　　　　　（b）　　　　　　（c）　　　　　　（d）

图 4.26

表 4.7　油尺　　　　　　　　　　　　　　　　　　　　　　　　　　（mm）

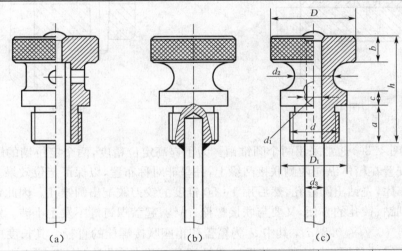

（a）　　　　　　（b）　　　　　　（c）

d	d_1	d_2	d_3	h	a	b	c	D	D_1
M12	4	12	6	28	10	6	4	20	16
M16	4	16	6	35	12	8	5	26	22
M20	6	20	8	42	15	10	6	32	26

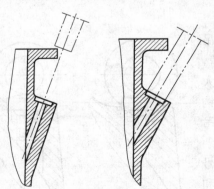

（a）不正确　　　　（b）正确

图 4.27

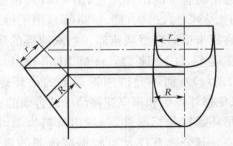

图 4.28

4.3.5　启盖螺钉和定位销

1. 启盖螺钉

启盖螺钉(图 4.29)螺杆端部要做成圆柱形或大倒角、半圆形,以免启盖时顶坏螺纹。启盖螺钉上的螺纹长度要大于箱盖联接凸缘的厚度。启盖螺钉的直径和长度可以与箱盖和箱座联接螺栓取同一规格。

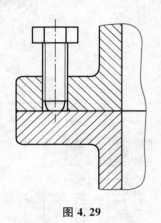

图 4.29　　　　　　　　　　　　　　　　　　　图 4.30

2. 定位销

定位销(图 4.30)通常采用两个圆锥销。为了提高定位精度,两个定位销的距离应尽量远一些。常安置在箱体纵向两侧联接凸缘上,并呈非对称布置,以保证定位效果。圆锥销孔加工分两道工序,先钻出圆柱孔,然后用 1∶50 锥度的铰刀铰配出圆锥孔。因此定位销的位置既要考虑到钻、铰孔的方便,又要与联接螺栓、吊钩、起盖螺钉等不发生干涉。定位销的直径一般取 $d = (0.7 \sim 0.8)d_2$,其中 d_2 为箱盖和箱座联接螺栓的直径。其长度应大于箱盖和箱座联接凸缘的总厚度,以利于装拆。圆锥销是标准件,设计时,可由[1]→【连接与紧固】→【键、花键和销连接】→【销连接】→【销的标准件】→【圆锥销】,按表中所给的圆锥销标准选用。在用尧创 CAD 机械绘图软件绘制装配图时,圆锥销可从菜单中的【机械(J)】→【机械图库(B)】→【标准件】→【销钉】→【圆锥销】按选定的大小,直接提取图符插入图形。

4.3.6　起吊装置

起吊装置中的吊环螺钉(图 4.31)、箱盖上的吊耳(图 4.33(a))、吊钩(图 4.33(b))用于拆卸箱盖,也允许用来吊运轻型减速器。当减速器的质量较大时,搬运整台减速器,只能用箱座上的吊钩(图 4.33(c)),而不允许用箱盖上的吊环螺钉或吊耳,以免损坏箱盖和箱座连接凸缘结合面的密封性。

吊环螺钉是标准件,一般用材料为 20 或 25 号钢制造。其公称直径 d 可根据减速器的重量 W 和所用的个数,结合图 4.32 参考表 4.8 选定。如果采用尧创 CAD 机械绘图软件绘制减速器装配图,则箱

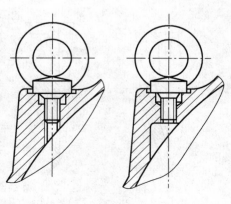

图 4.31

盖上吊环螺钉局部锪大的孔 D_2 等据表 4.8 选定,而吊环螺钉可从菜单中的【机械(J)】→【机械图库(B)】→【标准件】→【螺钉】→【内六角螺钉及其他】→【吊环螺钉 A 型】(或【吊环螺钉 B 型】)按选定的大小,直接提取图符插入图形。

因为采用吊环螺钉机械加工工艺比较复杂,所以常在箱盖上直接铸出吊钩或吊耳,如图4.33(a)、(b)所示。在箱座上的吊钩也是直接铸造出来的,如图 4.33(c)所示。图中所给的尺寸作为设计时参考,设计时可根据具体情况加以适当修改。

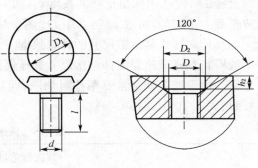

图 4.32

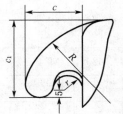 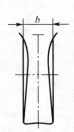

(a) $b = (1.8 \sim 2.5)\delta_1$　$c = (4 \sim 5)\delta_1$
$c_1 = (1.3 \sim 1.5)c$　$r = 0.2c$　$R \approx c_1$

(b) $d = b = (1.8 \sim 2.5)\delta_1$　$R = (1.0 \sim 1.2)d$
$e = (0.8 \sim 1.0)d$　δ_1 为箱盖壁厚

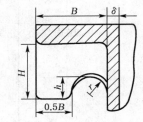 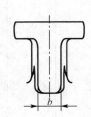

(c) $B = c_1 + c_2$　(c_1、c_2 值见表4.2)　$H = 0.8B$
$h = 0.5H$　$r = 0.25B$　$b = (1.8 \sim 2.5)\delta$　δ 为箱座壁厚

图 4.33

4.3.7　轴承盖和调整垫片

1. 轴承盖

为了固定轴系部件的轴向位置并承受轴向载荷,轴承孔两端用轴承盖封闭,如图 4.34 所示。轴承盖有螺栓联接式轴承盖和嵌入式轴承盖两种(图 4.34(a)、(b))。每种形式中,按是否有通孔又分为透盖(图 4.34(a))和闷盖(图 4.34(b)、(c))两种。

螺栓联接式轴承盖利用六角螺栓固定在箱体上,便于装拆和调整轴承,密封性能好,所以用得较多。但与嵌入轴承盖相比,零件数目较多、尺寸较大、外观不平整。这种轴承盖多用铸铁铸造,当它的宽度 L 较大时(图 4.35(a)),为了减少加工量,可在端部铸出一段较小

的直径 D'，但必须保留足够的长度 e_1（图 4.35(b)），否则拧紧螺钉时容易使轴承盖倾斜，以致轴受力不均匀，可取 $e_1 = 0.15D$。图中端面凹进 a 值，是为了减少加工量。

螺栓联接式轴承盖尺寸的计算根据[1]→【减速器、变速器】→【减速器】→【减速器设计一般资料】→【减速器附件结构尺寸】→【螺栓联接式轴承盖】中参考计算，或参考表 4.9 进行计算。由于透盖处常常要用毡封油圈，而毡封油圈是标准件，所以设计透盖时还须参考图 4.41、表 4.10 中的相关参数。

表 4.8　减速器重量与吊环螺钉　　　　　　　　　　　　　(mm)

减速器重量 W(kN)（供参考）									
一级圆柱齿轮减速器					二级圆柱齿轮减速器				
a	100	160	200	250	315	a	100×140	140×200	180×250	200×280
W	0.26	1.05	2.1	4	8	W	1	2.5	4.8	6.8

吊环螺钉							
$d(D)$	M8	M10	M12	M16	M20	M24	M30
l	16	20	22	28	35	40	45
D_{2min}	13	15	17	22	28	32	38
h_{2min}	2.5	3	3.5	4.5	5	7	8
最大起吊重量（kN）	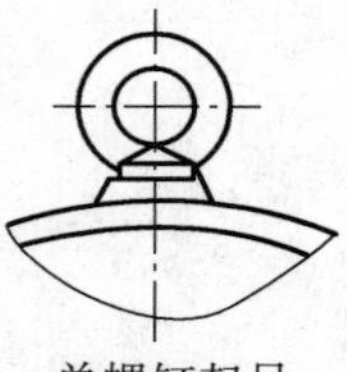 1.6	2.5	4	6.3	10	16	25
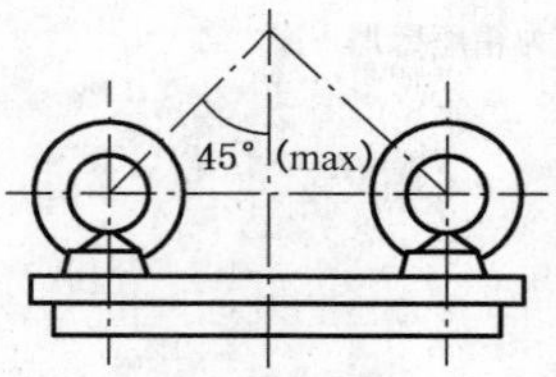	0.8	1.25	2	3.2	5	8	12.5

嵌入式轴承盖不用螺钉连接，结构简单，但座孔中须镗削环形槽，加工麻烦，并且密封性能差。调整轴承游隙时需要打开箱盖，放置调整垫片，所以比较麻烦。故只宜用于深沟球轴承（不调游隙）。如果用嵌入式轴承盖固定圆锥滚子轴承时，应在端盖上增加调整螺钉，以便于调整。

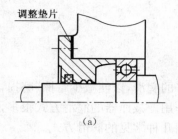
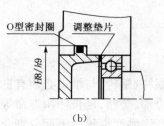
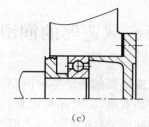

（a）　　　　　　　（b）　　　　　　　（c）

图 4.34

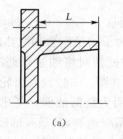
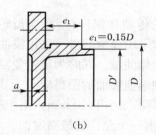

（a）　　　　　　　　　　　　（b）

图 4.35

表 4.9　螺栓联接式轴承盖　　　　　　　　　　　　　（mm）

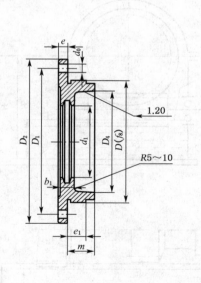

轴承外径 D	螺钉直径 d_3	端盖上螺钉数目
45～65	8	4
70～100	10	4
110～140	12	6
150～230	16	6

$d_0 = d_3 + 1$ mm

$D_1 = D + 2.5d_3$

$D_2 = D_1 + 2.5d_3$

$e = (1 \sim 1.2)d_3$

$e_1 \geqslant e \approx 0.15D$

m 由结构确定

$D_4 = D - (10 \sim 15)$ mm

　　透盖的 b_1、d_1 由密封尺寸确定（见图 4.41 及表 4.10），闷盖的 $b_1 \approx e$

材料：HT150

高速轴、中速轴、低速轴轴承盖螺钉的直径 d_3 应一致，且取其中较大者。

2. 调整垫片

　　为了调整轴承游隙，在端盖与箱体之间放置由多片很薄的软金属组成的垫片，这些垫片称为调整垫片，如图 4.34 所示。垫片除了调整轴承游隙外还起密封作用，有的垫片还起调整整个传动零件（如蜗轮）轴向位置的作用。

4.4　减速器的润滑

　　减速器的传动零件齿轮(蜗杆、蜗轮)与轴承必须有良好的润滑,以便减少摩擦、磨损,提高传动效率,同时还可以起到冷却、防锈、延长使用寿命等作用。减速器的润滑方式很多,有油脂润滑、浸油润滑、压力润滑、飞溅润滑等。下面分别介绍几种常见的润滑方式。

4.4.1　齿轮转动和蜗杆传动的润滑

　　减速器的齿轮传动和蜗杆传动,当齿轮的圆周速度 $v \leqslant 12$ m/s 时,蜗杆的圆周速度 $v \leqslant 10$ m/s 时,常采用浸油润滑。采用浸油润滑时,为了满足润滑和散热的需要,箱体油池内必须要有足够的储油量。同时为了避免浸油传动件回转时将油池底部沉积的污物搅起,大齿轮的齿顶圆到油池底面的距离应大于 $30 \sim 50$ mm(图 4.36)。大齿轮浸入油中的深度 h 约为一个齿高,但不能小于 10 mm。图中的这个油面为最低油面。考虑到使用中油不断蒸发损耗,还应给出一个允许的最高油面。对于中小型减速器,其最高油面比最低油面高出 $10 \sim 15$ mm 即可。此外还应保证传动件浸油深度最多不得超过齿轮半径的 $1/3 \sim 1/4$ 以免搅油损失过大,由此来确定减速器中心高 H 并圆整。

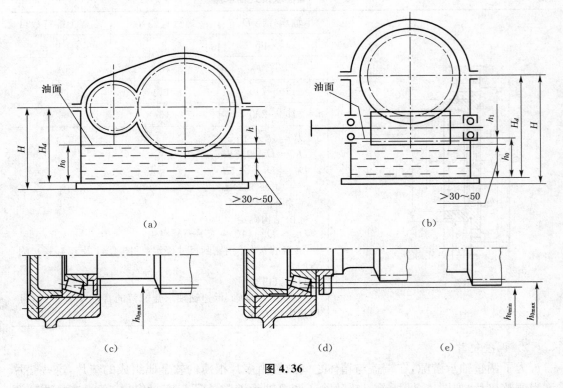

图 4.36

　　对于下置式蜗杆减速器,当油面高度能同时满足轴承和蜗杆浸油要求,则两者均采用浸油润滑,如图 4.36(c)所示。这时蜗杆浸油深度取 $1 \sim 2$ 个齿高作为最低油面,同样浸油深度不应小于 10 mm,最高油面比最低油面高出 $10 \sim 15$ mm,但一般不应超过滚动轴承最低滚动体中心,以免影响轴承密封和增加搅油损失。为了防止由于浸入油中蜗杆螺旋齿排油作用,迫使过量的润滑油冲入轴承,需在蜗杆轴上装挡油盘(图 4.36(c))。挡油盘与箱座孔间留有一定间隙,既能阻挡冲来的润滑油,又能使适量的油进入轴承。

在油面高度满足轴承浸油深度的条件下,蜗杆齿尚未浸入油中(图 4.36(d)),或浸入深度不足(图 4.36(e)),则应在蜗杆两侧装溅油盘(图 4.36(d)),使传动件在飞溅润滑条件下工作。这时滚动轴承浸油深度可适当降低,以减少轴承搅油损耗。

浸油深度决定后,即可定出所需油量,并按传递功率大小进行验算,以保证散热。油池容积 V 应大于或等于传动的需油量 V_0。对于单级传动,每传递 1 kW 需要油量 $V_0 = 0.35 \sim 0.37\ \mathrm{dm^3}$;对于多级传动,按级数成比例增加,如果不满足,则适当增加箱座的高度,以保证足够的油池容积。

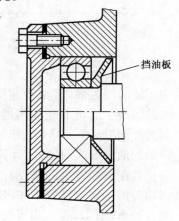

挡油板

浸油润滑的换油时间一般为半年左右,注要取决于油中杂质多少及油被氧化、污染的程度。

润滑油的牌号可参考[1]→【润滑与密封装置】→【润滑剂】→【常用润滑油的牌号、性能及应用】→【常用润滑油主要质量指标和用途】进行选取。

图 4.37

4.4.2 滚动轴承的润滑

为了支撑轴的旋转,减速器中通常用滚动轴承。滚动轴承采用油润滑或脂润滑。其常用的润滑方法有以下几种:

1. 润滑脂润滑

当轴颈径 d(mm)和转速 n(r/min)的乘积 $dn \leqslant (1.5 \sim 2) \times 10^5$ mm·r/min 时,或减速器中浸油齿轮的圆周速度太低($v < 1.5 \sim 2$ m/s)时,难以将油导入轴承内使轴承浸油润滑时,这时可采用润滑脂润滑。润滑脂选择主要根据工作温度和工作环境来定。润滑脂的牌号、性质及用途可参考[1]→【润滑与密封装置】→【润滑剂】→【常用润滑脂】→【常用润滑脂主要质量指标和用途】。

润滑脂方式较简单,密封和维护方便,只需在初装时和每隔半年左右补充或更换润滑脂一次,将润滑脂填充到轴承室即可。但润滑脂黏性太大,高速时摩擦损失大,散热效果较差,且润滑脂在较高温度时易变稀而流失。故润滑脂只用于轴颈转速低、温度不高的场合。

填入轴承室中的润滑脂应适量,过多易发热,过少则达不到预期的润滑效果。通常的填充量为轴承室空间的 1/3～1/2。

采用润滑脂润滑时,为防止箱内的润滑油飞溅到轴承内使润滑脂稀释或变质,并防止润滑油带入金属屑或其他污物,应在轴承向着箱体内壁一侧安装挡油板,如图 4.37、图 4.38(b)所示。挡油板可用薄钢板冲压成形(图 4.37),也可用圆钢车制(图 4.38(b)),也可以铸造成形。轴承离箱体内壁的距离和参考尺寸的计算见图 4.38。

2. 润滑油润滑

1)飞溅润滑

减速器中只要有一个浸油齿轮的圆周速度 $v \geqslant 1.5 \sim 2$ m/s 时,就可以采用飞溅润滑。

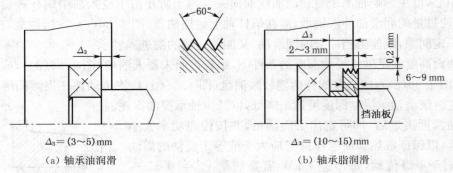

$\Delta_3 = (3\sim5)\text{mm}$
(a) 轴承油润滑

$\Delta_3 = (10\sim15)\text{mm}$
(b) 轴承脂润滑

图 4.38

为了使润滑可靠,常在箱座结合面上制出输油沟,使飞溅的润滑油沿箱盖经油沟通过端盖的缺口进入轴承对其进行润滑(图 4.15)。图 4.15(b)是用不同加工方法得到的油沟形式,其尺寸计算如图 4.15(c)所示。为了防止装配时端盖上的槽没有对准油沟而将油路堵塞,可将端盖的端部直径取小些,使端盖在任何位置油都可以流入轴承(图 4.39)。为了便于油液流入油沟,在箱盖内壁与其接合面相接触处须制出倒棱(图 4.15C—C 截面)

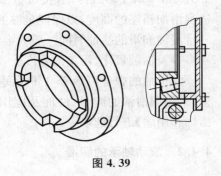

图 4.39

2) 浸油润滑

下置式蜗杆的轴承常浸在油中润滑。此时油面一般不应高于轴承最下面滚动体的中心,以免油搅动的功率损耗太大(图 4.36(c)、)(d))

3. 润滑油的选择

润滑油的选择与润滑脂一样,同样要考虑到传动类型、载荷性质、工作条件、转动速度等多种因素。减速器中齿轮、蜗杆、蜗轮和轴承大都依靠箱体中的油进行润滑,这时润滑油的选择主要考虑箱内传动零件的工作条件,适当考虑轴承的工作情况。润滑油的牌号、性质及用途可参考[1]→【润滑与密封装置】→【润滑剂】→【常用润滑油的牌号、性能及应用】→【常用润滑油主要质量指标和用途】→【工业闭式齿轮油(GB9503—1995)】。

4.5　伸出轴与轴承盖间的密封

为了防止减速器外部灰尘、水分及其他杂质进入其内部,并防止减速器内润滑剂的流失,减速器应具有良好的密封性。减速器的密封除了前面所述的箱盖与箱座接合面、窥视孔、放油孔接合面的密封外,还需在箱伸出轴与轴承盖等处进行密封。

伸出轴与轴承盖之间有间隙,须安装密封件,使得滚动轴承与箱外隔绝,防止润滑油(脂)漏出和箱外杂质、水及灰尘等进入轴承室,避免轴承急剧磨损和腐蚀。伸出轴与轴承盖间的密封形式很多(图 4.40),密封件多为标准件,应根据具体情况选用。常见的密封形式有毡圈密封(图 4.40(a))、橡胶密封(图 4.40(b))和油沟密封(图 4.40(c))。

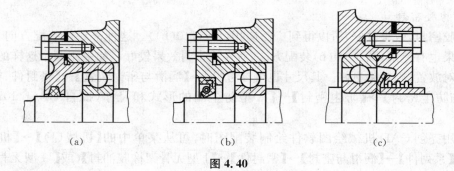

图 4.40

1. 毡圈密封

毡圈密封利用密封元件实现轴承与外界隔离(图 4.40(a))。这种密封结构简单，价格低廉、安装方便，对润滑脂润滑也能可靠工作。但密封效果较差，对轴颈接触面的摩擦较严重，毡圈寿命短，但适用于密封处轴表面圆周速度 3～5 m/s 以下，且工作温度小于 60℃ 的脂润滑场合。图 4.41 与表 4.10 列出了毡圈和槽的尺寸系列。其尺寸也可参考[1]→【润滑与密封装置】→【密封件、密封】→【油封与防尘密封】→【油封】→【毡圈油封和沟槽尺寸】。

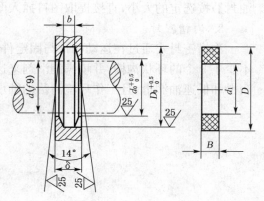

图 4.41

表 4.10　毡圈密封和沟槽尺寸　　　　　　　　　　　　　　　(mm)

d（公称轴径）	毡 圈			沟 槽				
	D	d_1	B	D_0	d_o	b	δ_{min}	
							用于钢	用于铸铁
16	29	14	6	28	16	5	10	12
20	33	19	6	32	21	5	10	12
25	39	24	7	38	26	6	12	15
30	45	29	7	44	31	6	12	15
35	49	34	7	48	36	6	12	15
40	53	39	7	52	41	6	12	15
45	61	44	8	60	46	7	12	15
50	69	49	8	68	51	7	12	15
55	74	53	8	72	56	7	12	15
60	80	58	8	78	61	7	12	15
65	84	63	8	82	66	7	12	15
70	90	68	8	88	71	7	12	15
75	94	73	8	92	77	7	12	15

2. 橡胶密封

橡胶密封,效果较好,所以得到广泛应用(图 4.40(b))。这种密封件装配方向不同,其密封效果也有差别,图 4.40(b)装配方法,对左边密封效果较好。如果用两个这样的橡胶密封件相对放置,则效果更好。其尺寸也可参考[1]→【润滑与密封装置】→【密封件、密封】→【油封与防尘密封】→【防尘密封】→【A 型防尘圈的形式和尺寸(摘自 GB/T 10708.3—2000)】。

在用尧创 CAD 机械绘图软件绘制装配图时,可从菜单中的【机械(J)】→【机械图库(B)】→【系列件】→【润滑与密封】→【密封件】→【J 型无骨架橡胶油封】(或【U 型无骨架橡胶油封】)按选定的大小,直接提取图符插入图形。

3. 沟槽密封

沟槽密封式通过在运动构件与固定件之间设计较长的环状间隙(约 0.1~0.3 mm)和不少于 3 个的环状沟槽,并填满润滑剂来达到密封的目的(图 4.40(c)),这种方式适应于脂润滑和低速油润滑,且工作环境清洁的轴承。

第5章 简易螺旋传动装置的设计计算

螺旋传动是利用螺杆和螺母组成的螺旋副来实现传动要求的。它主要用于将回转运动转变为直线运动,并进行力的传递。根据用途不同,螺旋传动分为传力螺旋、传导螺旋和调整螺旋。图5.1螺旋千斤顶、图5.2的螺旋压力机这些简易的螺旋装置属于传力螺旋。这些简易的螺旋传动装置具有结构简单、便于制造、易于自锁、携带方便等优点,但缺点是摩擦阻力大、传动效率低、磨损快。因此它主要用于要求以较小的转矩产生较大的轴向推力的简单机械中。

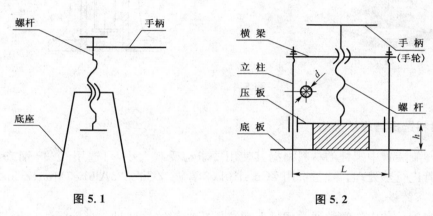

图5.1   图5.2

5.1 简易螺旋传动装置螺杆与螺母的设计

简易的螺旋传动装置主要有螺杆、螺母、底座、手柄(或手轮)、横梁、立柱等零件组成。还有一些简易螺旋传动装置由于要求产生很大轴向推力或轴向压力,还会带有电机、V带传动等零部件,如图5.3所示。由于这些属于传力螺旋的简易螺旋装置,往往受的力较大,且螺杆又是细长杆,再加横梁、底座等一旦失效会影响其正常工作,为此对这些简易的螺旋装置,需对它们进行强度等方面的计算。螺旋千斤顶、螺旋压力机尽管简单,但为了适合不同的工作情况与不同载荷的大小,其结构形式也是多种多样的。设计时如果对它的结构基本确定了,其具体设计计算从选择材料、选择螺纹类型、进行螺旋传动强度计算、进行手柄、底座、横梁和立柱等零件强度计算等方面来考虑。

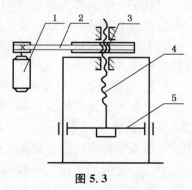

图5.3

1. 电动机;2. V带传动;3. 螺母;
4. 螺杆;5. 压板

为了容易理解与掌握,以图5.4螺旋千斤顶为例来叙述螺旋传动的设计与计算。螺旋千斤顶由螺杆、螺母、托杯、手柄和底座等组成。螺母用螺钉固定于底座上,通过手柄使螺杆边旋转,边上升或边下降,从而举起或放落重物。装在螺杆头部的托杯应能自由转动。螺杆下端设置安全挡圈,以防止螺杆全部旋出,螺旋千斤顶应具有可靠的自锁性能。

（a）

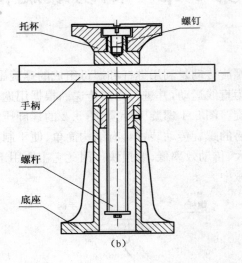

托杯　　螺钉

手柄

螺杆

底座

（b）

图 5.4

5.1.1　材料选择与螺纹类型

简易螺旋装置中螺杆的材料根据其使用要求与受载大小,可选用 Q235 钢或 45 号钢,必要时对其进行热处理。螺母选用 ZCuAl10Fe3 青铜、ZCuZn25Al6Fe3Mn3、ZCuZn38 黄铜或 HT200 灰铸铁。

简易螺旋传动中的螺纹通常用梯形螺纹或矩形螺纹这两种。梯形螺纹应用最广,矩形螺纹虽然传动效率较高,但加工较困难,且强度较低,应用较少。

5.1.2　螺旋传动的设计计算

1. 螺旋传动设计方法概述

对于一般的传力螺旋,其主要失效形式是螺纹牙表面的磨损、螺杆的拉断或剪断、螺纹牙根部的剪断及弯断以及受压时丧失稳定。设计时常以耐磨性计算和强度计算确定螺旋传动的主要尺寸。对于受压的长螺杆还要进行压杆稳定性核算。要求自锁的螺旋要验算是否满足自锁条件。

2. 螺旋传动设计步骤

螺旋传动设计的内容和一般步骤为:

1）耐磨性计算

滑动螺旋螺纹工作表面上的单位压力(工作比压或压强)愈大,滑动速度愈大其磨损愈严重。一般限制工作比压磨损量,而在许用比压中考虑运动副的材料及运动副滑动速度大小。螺旋传动的耐磨性计算按式(5.1)与式(5.2)计算。

$$p = \frac{FP}{\pi d_2 hH} \leqslant [p] \tag{5.1}$$

$$d_2 \geqslant \sqrt{\frac{FP}{\pi h \varphi [p]}} \tag{5.2}$$

式(5.1)称为校核式,式(5.2)称为设计式。式中:F 为作用在螺杆上的轴向力,单位 N。P 为螺距,单位 mm,h 为螺纹的高度,单位 mm,对于梯形螺纹 $h = 0.5P$。$\varphi = H/d_2$,称为螺母高度系数,H 螺母高度,单位 mm。设计时取 $\varphi = 1.2 \sim 2.5$。d_2 为螺纹中径,单位 mm。$[p]$ 螺旋副的许用比压,单位 MPa,其值见表 5.1。

如果设计的是梯形螺纹,则按耐磨性条件计算出螺纹中径后,按表 5.2 查取螺纹外径（公称直径）d、中径 d_2、小径 d_1、螺距 P 等参数。如果设计的是矩形螺纹,由于矩形螺纹尚未标准化,可按经验公式 $d \approx \frac{5}{4} d_1$,$P \approx \frac{1}{4} d_1$,$h \approx 0.5P$,$b = 0.5P$($b$ 为矩形螺纹牙顶、牙根部宽度)进行计算,并参照梯形螺纹标准表 5.2 确定其主要尺寸。

表 5.1　螺旋副的许用比压 $[p]$

螺杆材料 螺母材料 滑动速度　许用比压		淬火钢	钢	淬火钢	钢	钢
		青　　铜		耐磨铸铁		铸铁
低　　速	许用 比压 /MPa	/	18～25	/	15～22	/
≤ 3 m/min		/	11～18	/	14～19	12～16
6 ～ 12 m/min		10～13	7～10	6～8	6～8	4～7
> 5 m/min		/	1～2	/	/	/

注:φ 小时 $[p]$ 取大值,φ 大时 $[p]$ 取小值。

表 5.2　常用梯形螺纹的基本尺寸（GB/T5796.3—2005）　　　　　　单位:mm

公称直径 d		螺距 P	中径 $d_2 = D_2$	大径 D	小径	
第一系列	第二系列				d_1	D_1
20		2	19.000	20.500	17.500	18.000
		4	18.000	20.500	15.500	16.000
	22	3	20.500	22.500	18.500	19.000
		5	19.500	22.500	16.500	17.000
		8	18.000	23.000	13.000	14.000
24		3	22.500	24.500	20.500	21.000
		5	21.500	24.500	18.500	19.000
		8	20.000	25.000	15.000	16.000
	26	3	24.500	26.500	22.500	23.000
		5	23.500	26.500	20.500	21.000
		8	22.000	27.000	17.000	18.000

公称直径 d		螺距 P	中径 $d_2 = D_2$	大径 D	小径	
第一系列	第二系列				d_1	D_1
28		3	26.500	28.500	24.500	25.000
		5	25.500	28.500	22.500	23.000
		8	24.000	29.000	19.000	20.000
	30	3	28.500	30.500	26.500	27.000
		6	27.000	31.000	23.000	24.000
		10	25.000	31.000	19.000	20.000
32		3	30.500	32.500	28.500	29.000
		6	29.000	33.000	25.000	26.000
		10	27.000	33.000	21.000	22.000
	34	3	32.500	34.500	30.500	31.000
		6	31.000	35.000	27.000	28.000
		10	29.000	35.000	23.000	24.000
36		3	34.500	36.500	32.500	33.000
		6	33.000	37.000	29.000	30.000
		10	31.000	37.000	25.000	26.000
	38	3	36.500	38.500	34.500	35.000
		7	34.500	39.000	30.000	31.000
		10	33.000	39.000	27.000	28.000
40		3	38.500	40.500	36.500	37.000
		7	36.500	41.000	32.000	33.000
		10	35.000	41.000	29.000	30.000
	42	3	40.500	42.500	38.500	39.000
		7	38.500	43.000	34.000	35.000
		10	37.000	43.000	31.000	32.000
44		3	42.500	44.500	40.500	41.000
		7	40.500	45.000	36.000	37.000
		12	38.000	45.000	31.000	32.000
	46	3	44.500	46.500	42.500	43.000
		8	42.000	47.000	37.000	38.000
		12	40.000	47.000	33.000	34.000
48		3	46.500	48.500	44.500	45.000
		8	44.000	49.000	39.000	40.000
		12	42.000	49.000	35.000	36.000
	50	3	48.500	50.500	46.500	47.000
		8	46.000	51.000	41.000	42.000
		12	44.000	51.000	37.000	38.000
52		3	50.500	52.500	48.500	49.000
		8	48.000	53.000	43.000	44.000
		12	46.000	53.000	39.000	40.000
	55	3	53.500	55.500	51.500	52.000
		9	50.500	56.000	45.000	46.000
		14	48.000	57.000	39.000	41.000

公称直径 d		螺距 P	中径 $d_2 = D_2$	大径 D	小径	
第一系列	第二系列				d_1	D_1
60		3	58.500	60.500	56.500	57.000
		9	55.500	61.000	50.000	51.000
		14	53.000	62.000	44.000	46.000
	65	4	63.000	65.500	60.500	61.000
		10	60.000	66.000	54.000	55.000
		16	57.000	67.000	47.000	49.000
70		4	68.000	70.500	65.500	66.000
		10	65.000	71.000	59.000	60.000
		16	62.000	72.000	52.000	54.000
	75	4	73.000	75.500	70.500	71.000
		10	70.000	76.000	64.000	65.000
		16	67.000	77.000	57.000	59.000
80		4	78.000	80.500	75.500	76.000
		10	75.000	81.000	69.000	70.000
		16	72.000	82.000	62.000	64.000

2）螺旋副自锁性校核

对于螺旋千斤顶等有自锁性要求的螺旋副,还应按公式(5.3)、(5.4)、(5.5)进行自锁性验算。

$$\rho_v = \arctan f_v \qquad (5.3)$$

$$f_v = \frac{f}{\cos\dfrac{\alpha}{2}} \qquad (5.4)$$

$$\psi < \rho_v \qquad (5.5)$$

式中:ρ_v——当量摩擦角;

　　f_v——螺杆与螺母间的当量摩擦因数;

　　f——螺杆与螺母间的摩擦因数,其值见表 5.3。

α 为牙型角,ψ 为螺纹升角。有时为了保证可靠的自锁,取 $\psi \leqslant \rho_v - 1°$

表 5.3　螺纹副的当量摩擦系数 f

螺纹副材料	钢对青铜	钢对耐磨铸铁	钢对灰铸铁	钢对钢	淬火钢对青铜
当量摩擦系数	0.08~0.10	0.10~0.12	0.12~0.15	0.11~0.17	0.06~0.08

3）强度计算

（1）螺杆的强度计算

螺杆在工作中受轴向拉伸（或压缩）与扭转变形的复合作用,为避免出现强度不够,需要对其进行强度计算,其强度计算公式为:

$$\sigma_{ca} = \sqrt{\left(\frac{4F}{\pi d_1^2}\right)^2 + 3\left(\frac{T}{0.2d_1^3}\right)^2} \leqslant [\sigma] \qquad (5.6)$$

式中：σ_{ca} 称当量应力，单位 MPa；

　　　F——螺杆所受的轴向力，单位为 N；

　　　T——螺杆所受的扭矩，单位 N·mm；

　　　d_1——螺杆螺纹小径，单位 mm；

　　　$[\sigma]$——许用当量应力，单位 MPa，其值见表 5.4。

表 5.4　螺旋副材料的许用应力

螺杆强度	螺 纹 牙 强 度		
$[\sigma]$许用当量应力	许用应力 材料	剪切$[\tau]$/MPa	弯曲$[\sigma]_b$/MPa
$[\sigma]=\dfrac{\sigma_s}{3\sim5}$ σ_s：材料的屈服极限MPa	青铜	30～40	40～60
	耐磨铸铁	40	50～60
	铸铁	40	45～55
	铜	$0.6[\sigma]$	$(1\sim1.2)[\sigma]$

（2）螺纹牙的强度校核

在力 F 作用下，螺纹牙在牙根 a—a 处有可能发生剪切或弯曲破坏(图 5.5)，为此应对螺纹牙的剪切和弯曲强度进行校核。由于螺母材料的强度低于螺杆，所以只需校核螺母的螺纹牙强度。

螺纹牙剪切强度校核公式为：

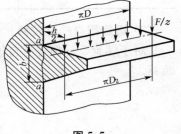

图 5.5

$$\tau=\frac{F}{z\pi db}\leqslant[\tau] \qquad (5.7)$$

式中：τ——剪切应力，单位 MPa；

　　　$[\tau]$——许用剪切应力，单位 MPa。

其值见表 5.4。z 为螺母高度 H 时螺纹的圈数，$z=\dfrac{H}{P}$。b 为螺纹牙根部宽度，对于梯形螺纹 $b=0.65P$；对于矩形螺纹 $b=0.5P$。

螺纹牙弯曲强度校核公式为：

$$\sigma_b=\frac{3F(d-d_2)}{\pi db^2 z}\leqslant[\sigma]_b \qquad (5.8)$$

式中：σ_b——弯曲应力，单位 MPa；

　　　$[\sigma]_b$——许用弯曲应力，单位 MPa，其值见表 5.4。

4）受压螺杆稳定性校核

对于长径比较大的受压螺杆，由于可能出现失稳，故需进行稳定性校核。螺杆稳定性校核公式为：

$$S_c=\frac{F_c}{F}\geqslant[S] \qquad (5.9)$$

式中: S_c——螺杆稳定性计算安全系数;

　　$[S]$——螺杆稳定性安全系数,取 $[S] = 2.5 \sim 4$;

　　F_c——丝杠的临界载荷,单位 N,其值由式(5.10)、(5.11)和(5.12)求得。

临界载荷 F_c 可根据柔度 λ 大小选用下列公式:

(1) 当 $\lambda \geqslant 85 \sim 90$ 时,临界载荷 F_c 可按下式计算:

$$F_c = \frac{\pi^2 E I_a}{(\mu l)^2} \tag{5.10}$$

(2) 当 $\lambda < 85 \sim 90$ 时,临界载荷 F_c 可按下式计算:

对于未淬火钢,$\lambda < 90$ 时,

$$F_c = \frac{340}{1 + 0.000\,13 \left(\frac{\mu l}{i}\right)^2} \times \frac{\pi d_1^2}{4} \tag{5.11}$$

对于淬火钢,$\lambda < 85$ 时,

$$F_c = \frac{490}{1 + 0.000\,2 \left(\frac{\mu l}{i}\right)^2} \times \frac{\pi d_1^2}{4} \tag{5.12}$$

(3) 对于 45 号钢,$\lambda < 40$ 时,优质碳素钢、合金钢,$\lambda < 60$ 时,不必进行稳定性计算。如果不能满足式(5.9)时,就增大 d_1,并重新计算直到满足为止。

上述式中,柔度 $\lambda = \frac{\mu l}{i}$, l 为螺杆的最大工作长度,单位 mm; i 为螺杆危险截面的惯性半径,单位 mm。若螺杆的危险截面面积 $A = \frac{\pi d_1^2}{4}$,单位 mm²;螺杆危险截面的轴惯性矩 $I_a = \frac{\pi d_1^4}{64}$,单位 mm⁴,则 $i = \sqrt{\frac{I_a}{A}} = \frac{d_1}{4}$。$\mu$ 为螺杆的长度系数,与螺杆端部结构支承情况有关,见表 5.5。

表 5.5　长度系数 μ

螺杆端部结构	长度系数 μ
两端固定	0.5
一端固定,一端不完全固定	0.6
一端固定,一端铰支	0.7
两端铰支	1.0
一端固定,一端自由	2.0

例 5.1　设计千斤顶的螺旋传动。已知最大起重量为 $F = 100$ kN,最大起重高度为 $h = 200$ mm,采用单头梯形螺纹,螺旋应具有自锁性。

解　(1) 选择材料和许用应力

螺杆材料选 45 钢,调质处理,$\sigma_s = 360$ MPa,由表 5.4 可得

$$[\sigma] = \frac{\sigma_s}{3 \sim 5} = \frac{360}{3 \sim 5} = 120 \sim 72 \text{ MPa}$$

手动可取 $[\sigma] = 110$ MPa;

螺母材料选 ZCuAl10Fe3,由表 5.4 可得,$[\sigma]_b = 40 \sim 60$ MPa,取 50 MPa;$[\tau] = 30 \sim 40$ MPa,取 35 MPa。

千斤顶螺旋系低速螺旋,由表 5.1 查得,$[p] = 18 \sim 25$ MPa,取 22 MPa。

(2) 按耐磨性计算螺纹中径

对于整体式螺母,磨损后间隙无法调整,高度系数 $\varphi = 1.2 \sim 2.5$,取 $\varphi = 1.6$。选梯形螺纹,高度 $h = 0.5P$,代入耐磨性设计式求出螺杆中径,即

$$d_2 = \sqrt{\frac{FP}{\pi h \varphi [p]}} = \sqrt{\frac{100\,000 \times P}{\pi \times 1.6 \times 0.5P \times 22}} = 42.5 \text{ mm}$$

由表 5.2 可选公称直径 $d = 48$ mm,螺距 $P = 8$ mm,$d_2 = 44$ mm,小径 $d_1 = 39$ mm,螺母大径 $D = 49$ mm,小径 $D_1 = 40$ mm 的梯形螺纹,中等精度,螺旋副标记为 Tr48×8－7H/7e。

螺母旋合圈数　　$z = \dfrac{\varphi d_2}{P} = \dfrac{1.6 \times 44}{8} = 8.8$,取 $z = 9 < 10$,所以合适。

螺母高度　　　　　　$H = z \times P = 9 \times 8 = 72$ mm

(3) 自锁性验算

查表 5.3,钢对青铜 $f = 0.08 \sim 0.10$,取 0.09,梯形螺纹牙型角 $\alpha = 30°$,当量摩擦角为

$$\rho_v = \arctan \frac{f}{\cos \dfrac{\alpha}{2}} = \arctan \frac{0.09}{\cos 15°} = 5°19'23''$$

据[13]P200 式(13－2)螺纹升角公式为

$$\psi = \arctan \frac{P}{\pi d_2} = \arctan \frac{8}{\pi \times 44} = 3°18'44''$$

$\psi < \rho_v - 1 = 4°19'23''$,所以能够自锁。

(4) 螺杆强度验算

螺纹摩擦力矩

$$T = F\tan(\psi + \rho_v) \frac{d_2}{2} = 100\,000 \times \tan(3°18'44'' + 5°19'23'') \times \frac{44}{2} = 334\,112 \text{ N} \cdot \text{mm}$$

当量应力为

$$\sigma_{ca} = \sqrt{\left(\frac{4F}{\pi d_1^2}\right)^2 + 3\left(\frac{T}{0.2 d_1^3}\right)^2} = \sqrt{\left(\frac{4 \times 100\,000}{\pi \times 39^2}\right)^2 + 3\left(\frac{334\,112}{0.2 \times 39^3}\right)^2}$$

$$= 96.9 \text{ MPa} < [\sigma] = 110 \text{ MPa}$$

所以螺杆强度满足。

(5) 螺母螺纹强度验算

因螺母材料强度低于螺杆,故只验算螺母螺纹强度即可。

　　梯形螺纹牙根宽度 $b = 0.65P = 0.65 \times 8 = 5.2$ mm,旋合圈数 $z = 9$,螺纹牙剪切强度为

$$\tau = \frac{F}{z \pi d b} = \frac{100\,000}{9 \times \pi \times 48 \times 5.2} = 14.2\,\text{MPa} < [\tau] = 35\,\text{MPa}$$

　　所以剪切强度足够。

　　螺母螺纹牙弯曲强度为

$$\sigma_b = \frac{3F(d - d_2)}{\pi d b^2 z} = \frac{3 \times 100\,000 \times (48 - 44)}{\pi \times 48 \times 5.2^2 \times 9} = 32.7\,\text{MPa} < [\sigma]_b = 50\,\text{MPa}$$

　　所以螺母螺纹牙弯曲强度足够。

　　(6) 螺杆的稳定性验算

　　螺杆最大工作长度 l 可按下式估算

$$l = h + \frac{H}{2} + d = 200 + \frac{72}{2} + 48 = 284\,\text{mm}$$

　　查表 5.5 长度系数按一端固定一端自由,取 $\mu = 2$,计算柔度

$$\lambda = \frac{\mu l}{i} = \frac{\mu l}{d_1 / 4} = \frac{2 \times 284}{39 / 4} = 58.3$$

　　本例螺杆调质处理且 $\lambda < 85$,其临界载荷为

$$F_c = \frac{490}{1 + 0.000\,2 \left(\frac{\mu l}{i}\right)^2} \times \frac{\pi d_1^2}{4} = \frac{490}{1 + 0.000\,2 \times 58.3^2} \times \frac{\pi \times 39^2}{4} = 348\,292\,\text{N}$$

　　螺杆稳定性计算安全系数

$$S_c = \frac{F_c}{F} = \frac{348\,292}{100\,000} = 3.48 > [S] = 3.25$$

　　所以稳定性条件满足。

5.1.3　螺母的设计

　　1. 螺母的高度

　　当螺杆螺纹直径 d_2 确定后,可根据所选定的比值 $\varphi = H/d_2$ 确定螺母高度(图 5.6)。螺母工作圈数 $z = H/P$, P 为螺距,由于旋合各圈螺纹牙受力不均匀,一般应是 $z \leqslant 10 \sim 12$。

　　2. 螺母的结构尺寸

　　当螺杆的大径 d 确定以后,图 5.6 螺母相关尺寸按 $D = (1.6 \sim 1.8)d$; $D_1 = (1.3 \sim 1.4)D$; $a \approx \dfrac{H}{3}$ 进行选取。

　　3. 螺母的强度计算

　　螺母下端悬置,在工作中承受拉力(其大小为举重量 F)等载荷。在这些载荷的作用下可能会出现螺纹牙磨损,牙根部的

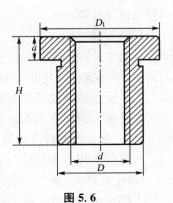

图 5.6

剪断及弯断,螺母悬置部分的拉扭断裂,螺母凸缘支承面发生挤压破坏,凸缘根部弯曲折断或剪切等损坏的现象。因此,针对这些可能的损坏,应进行必要的强度校核计算。

针对螺纹牙磨损,牙根部的剪断及弯断等可能引起的损坏,可用公式(5.1)、(5.2)、(5.7)、(5.8)进行计算。针对螺母悬置部分的拉扭断裂的损坏,可用下面的拉伸强度计算公式进行计算。

$$\sigma = \frac{(1.2 \sim 1.3)F}{\frac{\pi}{4}(D^2 - d^2)} \leqslant [\sigma] \tag{5.13}$$

式中:$[\sigma]$——螺母材料的许用拉应力,单位 MPa,$[\sigma] = 0.83[\sigma]_b$;

　　　　$[\sigma]_b$——许用弯曲应力,见表5.4。

螺母凸缘支承面不发生挤压破坏的挤压强度公式为:

$$\sigma_p = \frac{4F}{\pi(D_1^2 - D^2)} \leqslant [\sigma]_p \tag{5.14}$$

式中:$[\sigma]_p$——螺母材料的许用挤压应力,单位 MPa,$[\sigma]_p = (1.5 \sim 1.7)[\sigma]_b$,$[\sigma]_b$ 见表5.4。

凸缘根部不发生弯曲折断的弯曲强度公式为:

$$\sigma_b = \frac{1.5F(D_1 - D)}{\pi D a^2} \leqslant [\sigma]_b \tag{5.15}$$

凸缘根部不发生剪切损坏的剪切强度公式为:

$$\tau = \frac{F}{\pi D a} \leqslant [\tau] \tag{5.16}$$

上两式中,$[\sigma]_b$——螺母材料的许用弯曲应力,单位 MPa;

　　　　　$[\tau]$——螺母材料的许用剪应力,单位 MPa,见表5.4。

5.1.4　千斤顶顶起部分设计

在设计螺旋千斤顶顶起部分时,应充分考虑到重物顶起的同时在螺杆转动下不发生磨损。这就要求托杯与被顶起的重物之间需要相对静止。在图5.7(a)所示的结构中,螺杆的顶部比托杯高一些,挡圈压住螺杆而不与托杯接触,这时螺杆转动时托杯就不转动,从而使千斤顶正常工作。

当千斤顶顶起的重量较大时,托杯与螺杆支承面间的摩擦力矩也较大。为了减小摩擦力矩,可在螺杆与托杯间放入轴向接触滚动轴承,如图5.7(b)所示。

在滚动轴承或托杯与螺杆支承面间,往往要涂上润滑剂,从而进一步减小其摩擦力矩,减少托杯与螺杆支承面间的摩擦磨损,增加千斤顶的使用寿命。

　1. 千斤顶螺杆的结构

螺杆头部支承托杯并插装手柄,故该处应加大直径,其结构如图5.8(a)所示。采用图(a)所示托杯时,螺杆上端应设挡圈以防止托杯从螺杆端部脱落。采用图(b)所示托杯时,螺杆上端可车制出环形槽,利用紧定螺钉防止托杯脱落,如图5.9所示。

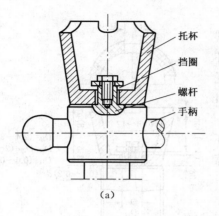

托杯
挡圈
螺杆
手柄

(a)

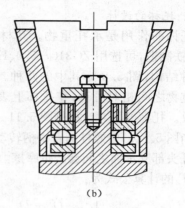

(b)

图 5.7

图 5.9 在螺杆的底部放置底板,并用螺钉拧紧,目的是防止转动螺杆上升时意外脱离底座而造成事故。螺杆螺纹的尺寸由强度计算确定,其余主要尺寸的确定见图 5.10。

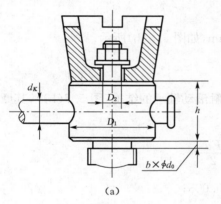

(a)

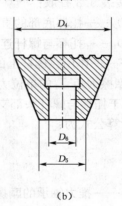

(b)

图 5.8

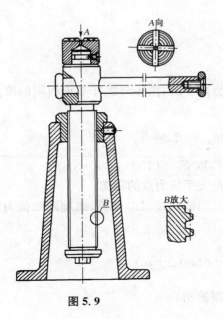

图 5.9

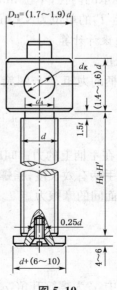

图 5.10

2. 托杯的设计

托杯的作用是承托重物。其材料一般用碳钢、铸铁制造，可选用 ZG310 - 570、HT150。托杯有多种结构，图 5.8 为其中的两种。为了防止托杯与重物之间相对滑动，在托杯上表面制出槽口和沟纹。托杯的尺寸计算见图 5.11。

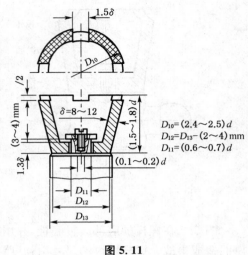

$D_{10} = (2.4 \sim 2.5)d$
$D_{12} = D_{13} - (2 \sim 4)\text{mm}$
$D_{11} = (0.6 \sim 0.7)d$

图 5.11

当图 5.8(a)中螺杆随着手柄转动上升时托杯与螺杆头部支承面之间会产生摩擦力矩 T_2。摩擦力矩 T_2 的计算公式为：

$$T_2 = \frac{1}{3} fF\left(\frac{D_5^3 - D_4^3}{D_5^2 - D_4^2}\right) \tag{5.17}$$

式中：f——托杯与螺杆两材料间的摩擦系数，可按表 5.3 查取；

D_5——托杯底部的直径，单位 mm；

D_4——托杯与螺杆连接处的直径，单位 mm，如图 5.8(b)所示；

F——作用在螺杆上的轴向力，单位 N；

摩擦力矩 T_2 的单位为 N·mm。

对于托杯与螺杆头部支承面间放置轴向接触滚动轴承的结构（图 5.7(b)），其摩擦力矩 T_2 的计算公式为：

$$T_2 = \frac{fFd_0}{2} \tag{5.18}$$

式中：f——推力轴承的摩擦系数，其值为 $f = 0.003$；

F——作用在螺杆上的轴向力，单位 N；

d_o——轴承的内径，单位 mm；

摩擦力矩 T_2 的单位为 N·mm。

3. 手柄的设计计算

1）手柄长度

作用于手柄的力矩 T 与螺旋副摩擦力矩 T_1 和托杯与螺杆支承面间的摩擦力矩 T_2 平衡，即：

$$T = FL'_K = T_1 + T_2 \tag{5.19}$$

式中：F——加在手柄上的力。间歇工作时，取 $F = (150 \sim 250)\text{N}$；

L'_K——手柄有效长度，指螺杆中心至人手施力点的距离。

螺杆支承面间的摩擦力矩 T_2 按式(5.17)或式(5.18)计算，螺旋副摩擦力矩 T_1 可按下式计算：

$$T_1 = \frac{d_2}{2} F \tan(\psi + \rho_v) \tag{5.20}$$

式(5.20)中，ψ 为螺纹升角，ρ_v 为当量摩擦角。

算出手柄有效长度 L'_K 后,手柄实际长度可取为 $L_K \approx L'_K + \dfrac{D_{13}}{2} + 100$ mm(D_{13} 见图 5.10),手柄不宜过长,对于举重量较大的千斤顶,可加接套管来增大力臂。

2)手柄的结构

手柄是螺旋千斤顶中一个重要零件,它可设计成图 5.12 所示的结构。在该结构中设计了挡圈,目的也是防止手柄从螺杆孔中滑出。挡圈可用螺钉或铆接以固定。也可以设计成两端各有一个手柄球制造成带螺栓的结构,如图 5.13 所示。对于需经常要把手柄从千斤顶中拿下来的地方,手柄也可以做成图 5.4 中的结构。

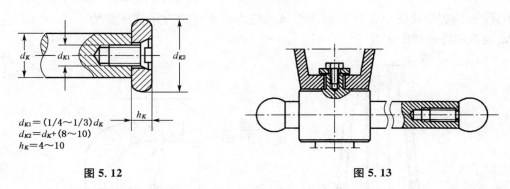

$$d_{K1} = (1/4 \sim 1/3)d_K$$
$$d_{K2} = d_K + (8 \sim 10)$$
$$h_K = 4 \sim 10$$

图 5.12　　　　　　　　　　　　　　　　　图 5.13

手柄用碳钢 Q235、Q255 制造,其直径 d_K 按弯曲强度条件确定,即:

$$\sigma = \frac{FL'_K}{0.1d_K^3} \leqslant [\sigma]_b \tag{5.21}$$

式中:$[\sigma]_b$——材料的许用弯曲应力,取 $[\sigma]_b = \dfrac{\sigma_s}{1.5 \sim 2}$。

5.1.5　软件设计螺旋传动

在《机械设计手册(新编软件版)2008》中有螺旋传动设计的内容,因此在计算机上也能进行螺旋传动的设计。这时只要打开[1]→【常用设计计算程序】→【螺旋传动设计】,并参照第 3 章在计算机上设计 V 带传动、齿轮传动的方法,并结合上述内容就可进行。但当设计的螺旋传动为图 5.7(b)结构时,该设计软件并不完全适用,并且该软件还不包括对手柄等内容的设计,再加螺旋传动设计计算并不复杂,同时考虑课程设计的目的,因此不提倡用软件来设计螺旋传动。

5.2　简易螺旋传动装置机架的设计

简易螺旋传动装置机架根据其结构不同由底座、横梁和立柱等组成。其材料因使用的要求、受载的大小、结构的难易程度、生产量的大小、加工条件等因素可选用铸铁、钢材等材料。螺旋千斤顶的底座可用 HT150 灰铸铁,螺旋压力机的横梁、立柱根据其铸造还是焊接可选用 HT150 灰铸铁或 Q235 钢等材料。

5.2.1　千斤顶底座的设计

当底座用铸铁来制造时,其壁厚$\delta > (8 \sim 10)$ mm,并要有一定的斜度$(1 : 10)$,使底部加大,以增加底座的美观和稳定性。

底座底面凸缘的尺寸按图 5.14 确定,并进行对底面挤压强度计算,以确保支承面不发生挤压破坏。设底面凸缘挤压面积为 A,则:

$$\sigma_P = \frac{F}{A} \leqslant [\sigma]_p \tag{5.22}$$

式中:$[\sigma]_p$ 为底座或支承面材料的许用挤压应力。木材的许用挤压应力 $[\sigma]_p = (2 \sim 4)$ MPa,铸铁的许用挤压应力$[\sigma]_p = (70 \sim 80)$ MPa。

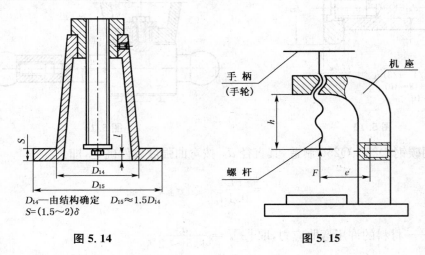

D_{14}—由结构确定　　$D_{15} \approx 1.5 D_{14}$
$S = (1.5 \sim 2)\delta$

图 5.14　　　　　　　　　　　　图 5.15

5.2.2　螺旋压力机的横梁、立柱的设计

当螺旋压力机的横梁、立柱受到较大载荷作用时,为了确保其正常工作,也需对它们进行强度计算。但螺旋压力机的横梁、立柱有许多不同的形式,针对这些形式应进行不同的计算。对于图 5.15 的简易螺旋压力机,由于机座立柱与受力螺杆间有一个偏心距 e,因此应对立柱进行拉伸(压缩)与弯曲组合变形的强度计算,以保证机座有足够的强度,从而使该螺旋压力机能正常工作。其强度计算公式为:

$$\sigma_{\max} = \frac{|F|}{A} + \frac{|M|}{W_z} \leqslant [\sigma] \tag{5.23}$$

式中:$\sigma_{\max}$——机座立柱左侧或右侧边缘处的最大正应力,单位 MPa;

F——螺杆所受的轴向载荷,单位 N;M 为弯矩,其大小 $M = Fe$,单位 N·mm;

A——机座立柱的横截面积,单位 mm^2;

W_z——机座立柱的抗弯截面模量,单位 mm^3;

$[\sigma]$——机座立柱的许用应力,单位 MPa。其大小按以下两式计算:

对于塑性材料:
$$[\sigma] = \frac{\sigma_s}{n_s} \tag{5.24}$$

对于脆性材料：
$$[\sigma] = \frac{\sigma_b}{n_b} \qquad\qquad (5.25)$$

上两式中，σ_s 为塑性材料的屈服极限，当机座选用 Q235A 钢时，可取 $\sigma_s = 216 \sim 235$ MPa。σ_b 为脆性材料的强度极限，当机座选用 HT150 时，受拉时的强度极限取 $\sigma_b = 98 \sim 275$ MPa，受压时的强度极限取 $\sigma_b = 637$ MPa。n_s 和 n_b 分别为塑性材料和脆性材料的安全系数。一般机械设计、制造中，在静载条件下，对塑性材料取 $n_s = 1.5 \sim 2.0$；对脆性材料取 $n_b = 2.0 \sim 3.5$。

对于抗拉、抗压强度不相同的脆性材料，可根据机座立柱左侧或右侧边缘处应力分布的实际情况，按上述方法分别进行计算。

对于图 5.2 的螺旋压力机，应对立柱进行拉伸强度计算。其强度校核式为：

$$\sigma = \frac{F_N}{A} \leqslant [\sigma] \qquad\qquad (5.26)$$

对于圆形截面立柱，其设计式为：

$$d \geqslant \sqrt{\frac{4F_N}{\pi[\sigma]}} \qquad\qquad (5.27)$$

上两式中：σ——立柱的工作应力，单位 MPa；

　　　　F_N——立柱的轴力，单位 N；

　　　　A——立柱的横截面面积，单位 mm²；

　　　　$[\sigma]$——立柱的许用应力，单位 MPa，按式(5.24)计算；

　　　　d——立柱的直径，单位 mm。

如果立柱与横梁是通过螺纹联接的，则可按下式计算螺纹的小径 d_1：

$$d_1 \geqslant \sqrt{\frac{5.2Q}{\pi[\sigma_{lz}]}} \qquad\qquad (5.28)$$

式中：Q——立柱所受到的轴向力，单位 N；

　　　$[\sigma_{lz}]$——立柱材料的许用应力，单位 MPa。其大小可按下式计算：

$$[\sigma_{lz}] = \frac{\sigma_s}{S} \qquad\qquad (5.29)$$

式中：σ_s——材料的屈服极限，单位 MPa；

　　　S——安全系数。

如果联接螺纹材料为碳钢且螺纹的大小为 M16～M30 时，取 $S = 3 \sim 2$；螺纹的大小为 M30～M60 时，取 $S = 2 \sim 1.3$。

当 d_1 计算出后，再查表确定螺纹的公称直径 d。

对于图 5.2 的螺旋压力机除了对立柱进行上面所述的强度计算外，根据其设计的结构不同，可能还需要进行挤压、剪切等强度计算。同样对横梁也需进行弯曲强度等的计算，这些计算可参阅相关的资料。

第6章 装配图的设计及绘制

装配图是反映各个零件的相互关系、结构以及尺寸的图纸。因此,设计通常从绘制装配图着手,确定零件的位置、结构和尺寸,并以此为依据绘制零件工作图。装配图也是机器组装、调试、维护等的技术依据,所以装配图是设计过程中的重要环节,必须综合考虑对零件的材料、强度、刚度、加工、装拆、调整和润滑等要求,用足够的视图表达清楚。

6.1 减速器装配图设计的准备

在画减速器装配图之前,应翻阅有关资料(如附录1),参观和装拆实际减速器,弄懂各零部件的功用,做到对设计内容心中有数。此外还应根据设计任务书上的技术数据,按前面所述的内容计算出轴的最小直径、有关零件和箱体的主要结构尺寸,具体的内容有:

1. 确定各类传动零件的中心距、最大圆直径(如齿顶圆直径)和宽度(轮毂和轮缘),其他详细结构可暂不确定。

2. 按工作情况和转矩选出联轴器的型号、两端轴孔直径、孔的宽度和有关装配尺寸的要求。

3. 确定滚动轴承类型,如深沟球轴承或角接触球轴承,具体型号可暂不定。

4. 确定机体的结构方案。

5. 按表4.1确定箱体的主要结构和有关零件的尺寸,并列表备用。

做好上述准备工作后,可以开始绘图。根据设计具有计算与绘图交叉进行的特点,设计装配图可分为绘制轴结构图等几个阶段,下面分别叙述。

6.2 绘制减速器轴结构图

绘制减速器轴结构图的主要任务是确定箱体内外零部件的外形尺寸和相互位置关系,以确定轴受力点的位置及相互间的尺寸关系,为轴强度校核提供相关数据,并为画减速器的总装图做准备。绘制轴结构图时要注意轴伸出端的位置是否符合设计任务书中传动方案的要求,要考虑到轴承的润滑方式,轴承端盖的结构、轴伸出端的密封方式等因素,这些因素的考虑参考第4章中所叙述的有关内容。另外轴结构设计时不能只单独绘制轴,而不绘制与轴相关的零件。也不能只画一根轴,而要同时将所设计减速器中的轴全部画出来。为此绘制轴结构图时要先画与轴结构有关系的主要零件,后画次要零件;先由箱体内的零件画起,逐步向外画;先画零件的中心线及齿轮廓线,再画箱座的内壁线等。轴结构设计时不必把零件的详细结构(如圆角、倒角、大齿轮的幅板厚度等)画出来。绘图时要以一个视图(一般是俯视图)为主,兼顾其他几个视图。

当绘制圆柱齿轮减速器轴结构图的一些需要的尺寸算出来后,零件间的尺寸及它们之间的相互关系,可参考图 6.1 和表 6.1 来确定。如果绘制的是一级蜗杆减速器,则可参图 6.2 考表 6.2 来确定。

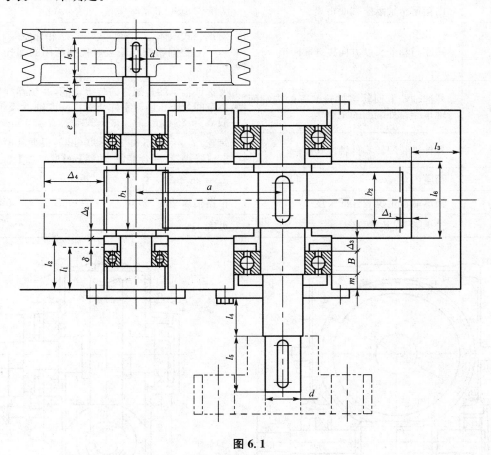

图 6.1

表 6.1　单级圆柱齿轮减速器草图相关尺寸

符　号	名　　　称	尺寸确定及说明
b_1、b_2	小齿轮、大齿轮的宽度	由齿轮设计计算确定
Δ_1	大齿顶圆与箱体内壁的距离	$\Delta_1 \geqslant 1.2\delta$($\delta$ 箱座壁厚,见表 4.1)
Δ_2	齿轮端面与箱座内箱壁的距离	$\Delta_2 \geqslant \delta$($\delta$ 箱座壁厚,见表 4.1)或取 $\Delta_2 = (10 \sim 15)$ mm
Δ_3	箱体内壁至轴承端面的距离	轴承用脂润滑,此处设挡油板,$\Delta_3 = (10 \sim 15)$ mm(见图 4.38);油润滑时 $\Delta_3 = (3 \sim 5)$ mm
Δ_4	小齿轮齿顶圆与箱体内壁的距离	在绘制主视图时由箱盖结构投影确定
B	轴承宽度	插入轴承时,尧创 CAD 自动生成,或查[1]→【轴承】

符　号	名　　　称	尺寸确定及说明
l_1	外箱壁至轴承座端面距离	对剖分式箱体,应考虑壁厚和联接螺栓扳手空间位置,$l_1 = c_1 + c_2 + (5 \sim 8)$ mm(c_1,c_2 根据轴承旁联接处所用的螺栓直径查表 4.2)
l_2	内箱壁至轴承座端面距离	$l_2 = \delta + l_1$(δ 箱座壁厚,见表 4.1)
l_3	箱座与箱盖长度方向接合面距离	对剖分式箱体,$l_2 = \delta + c_1 + c_2$(δ 箱座壁厚,见表 4.1,c_1、c_2 根据箱座与箱盖联接处所用的螺栓直径查表 4.2)
l_4	外伸轴端上回转零件轮毂等的内端面与轴承端盖外端面的距离	要保证轴承端盖螺钉的装拆空间,联轴器柱销的装拆空间及防止回转零件与螺钉头或轴承盖相碰。一般 $l_4 \geqslant 25$ mm;对于嵌入式端盖 $l_4 \geqslant 15$ mm
l_5	外伸轴装回转零件轴段长度	带轮:$l_5 = (1.5 \sim 2)d$;联轴器:根据其型号查[1]→【联轴器、离合器、制动器】→【联轴器】
l_6	箱座内宽	$l_6 = b_1 + 2\Delta_2$
m	轴承端盖定位圆柱面长度	根据轴承结构,$m = l_2 - \Delta_3 - B$
e	轴承端盖凸缘厚度	见表 4.9

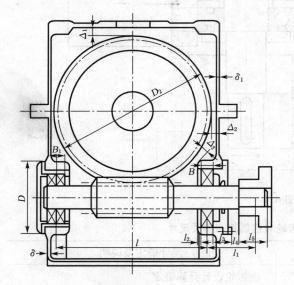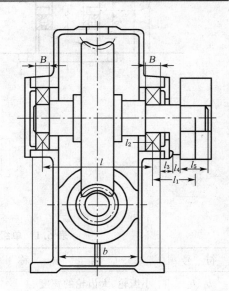

图 6.2

表 6.2　一级蜗杆减速器草图相关尺寸

符　号	名　　　称	尺　　寸/mm
D_2	蜗轮外圆直径	由蜗轮结构设计确定
Δ_2	蜗轮外圆与减速器内壁之间的最小间隙	$\Delta_2 = 15 \sim 30$
Δ_3	蜗轮外圆与轴承座的最小间隙	$\Delta_3 \geqslant 10 \sim 12$
B、B_1	轴承宽度	根据轴颈直径按中系列轴承选择

续　表

符　号	名　　　　称	尺　寸/mm
l	轴承支点间的距离	由装配图确定
l_1	箱外零件至轴承支点的距离	$l_1 = \dfrac{B}{2} + l_3 + l_4 + \dfrac{l_5}{2}$
l_2	轴承端面至箱体内壁的距离	无挡油环时 $l_2 = 5 \sim 10$，有挡油环时 $l_2 = 10 \sim 15$
l_3	轴承端盖及联接螺栓头高度	根据轴承端盖结构型式决定
l_4	箱外零件至固定零件的距离	$l_4 = 15 \sim 20$
l_5	箱外零件与轴的配合长度	$l_5 = (1.2 \sim 1.5)d$，d 为配合处轴径
D	轴承座凸缘外径	由轴承尺寸及轴承端盖结构型式决定
b	箱座内壁宽度	$b = D + (10 \sim 20)$

　　下面以计算机上用尧创 CAD 机械绘图软件,结合拿掉箱盖等零件的单级直齿圆齿轮减速器三维图(图 6.3)及其在水平面上的投影图(图 6.4)为例,叙述轴结构图的绘制。

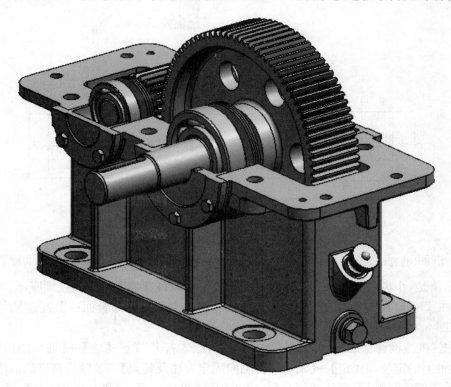

图 6.3

　　1. 在计算机上打开尧创 CAD 机械绘图软件后,在 Center(中心线)层上,根据已计算出的齿轮中心距、大小齿轮的分度圆直径,按 1∶1 的比例(后面的绘图比例相同)绘制齿轮轴线(中心线)、对称线和分度线。在 Thick(粗实线)层上,根据已计算出的大小齿轮的齿顶圆直径、齿宽尺寸绘制齿轮轮廓,如图 6.5 所示。为了便于在装配图上将各零件及其相互间的

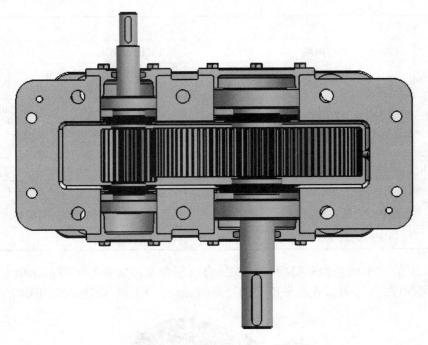

图 6.4

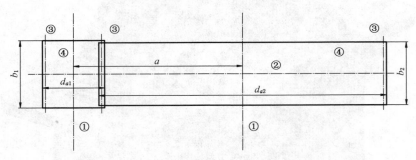

图 6.5

1. 画小齿轮和大齿轮中心线;2. 画对称线;3. 画小齿轮和大齿轮分度线;4. 画小齿轮和大齿轮。

关系表示清楚,小齿轮应画在大齿轮的左面。绘图步骤可参考图中所标注顺序。

2. 在 Thick(粗实线)层上(下面同),绘制箱座上与箱盖的结合面以及高速轴伸出端的轴头,如图 6.6 所示。

3. 据《机械设计基础》教材轴一章中的内容,或者打开[1]→【轴】→【轴的结构设计】→【零件在轴上的定位和固定】→【轴上零件轴向固定方法及特点】确定轴肩高度然后绘制出轴身。接着选定轴承型号,再从尧创 CAD 菜单中的【机械(J)】→【机械图库(B)】→【标准件】→【轴承】→【深沟球轴承】→【深沟球轴承 60000 型】(该处用的是深沟球轴承 60000 型)提取选定轴承的图符插入图形,如图 6.7 所示。

4. 绘制箱座轴承孔线及轴颈直径线并删除多余线段,如图 6.8 所示。

5. 绘制挡油板、轴环,并用镜像命令复制高速轴另一端轴承等结构,并删除图上多余的

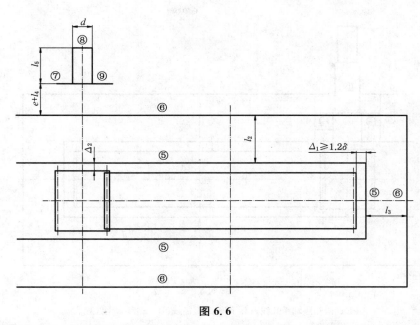

图 6.6

5. 画箱座内壁线；6. 画箱座与箱盖接合面外线；7. 画轴头与轴身间的线；8. 画轴头外线；9. 画轴头直径线。

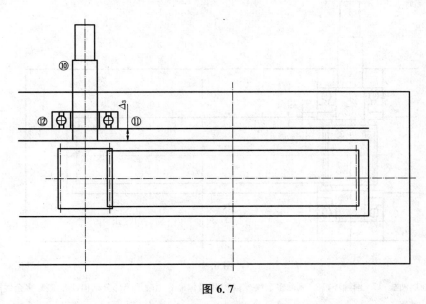

图 6.7

10. 确定轴身直径,画出轴身；11. 画轴承到箱座内壁的定位线；12. 选择轴承型号,插入该轴承。

线段,如图 6.9 所示。

6. 据表 4.9 螺栓联接式轴承盖尺寸,绘制高速轴处轴承盖。并用绘制高速轴时相同的方法,绘制低速轴伸出端轴头、轴身、轴承,如图 6.10 所示。

7. 与绘制高速轴时的方法相同,绘制出低速轴伸出端轴承、透盖、挡油板,并用镜像等命令绘制低速轴另一端轴承等结构。最后选定各处键的型号与长度,然后根据轴的直径再从尧创 CAD 菜单中的【机械(J)】→【机械图库(B)】→【标准件】→【键与键槽】→【键】提取选

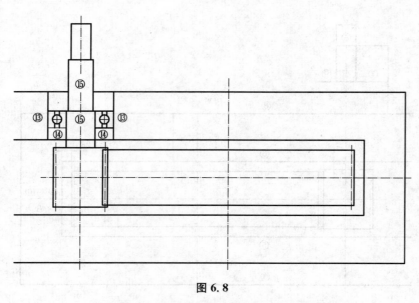

图 6.8

13. 画箱座轴承孔线;14. 画轴颈直径线;15. 删除多余线段。

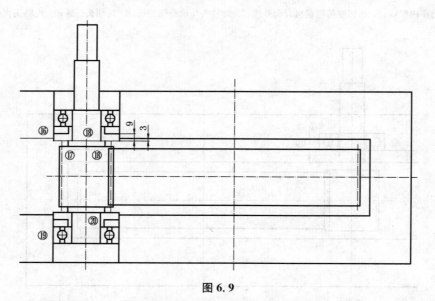

图 6.9

16. 画挡油板;17. 画轴环;18. 删除多余线段;19. 用镜像命令画轴承等部分结构;20. 删除多余线段。

定各处键的图符插入图形。绘制完成后的减速器轴结构图如图 6.11 所示。为了后面绘制装配图等的需要,将该图起一个文件名(如轴结构图)后保存在一个专门用于课程设计的文件夹内。同时在绘图过程中应养成随时保存图形的习惯,以免由于意外原因而使所绘制的图形丢失。

轴结构图绘制完成后,根据《机械设计基础》教材轴一章中的内容,确定出传动零件、轴承等零件对轴上力的作用点。然后开启捕捉功能,用标注尺寸的方法将轴受力点间的尺寸确定出来,如图 3.50 所示,然后按第 3 章中所述的方法对轴进行强度校核。

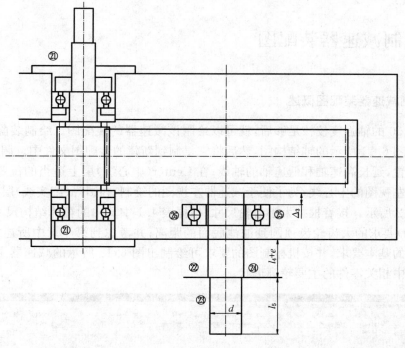

图 6.10

21. 据表 4.9 画轴承端盖;22. 确定轴头与轴身界线;23. 画轴头;
24. 画轴身;25. 画轴承定位线;26. 选择轴承型号并插入该轴承。

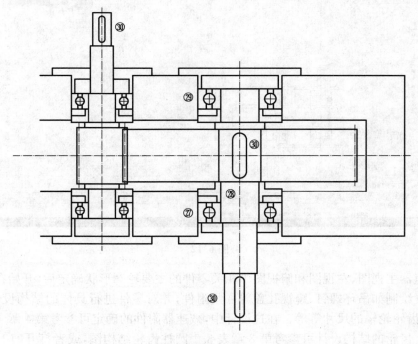

图 6.11

27. 用与高速轴中相同的方法处理轴承及透盖部分;28. 画挡油板;
29. 用镜像命令等画挡板、轴承、阀盖等部分;30. 画键槽。

6.3 绘制减速器装配图

6.3.1 绘制减速器装配图概述

当图 3.50 的轴强度校核足够后，就可以绘制该减速器的装配图。绘制装配图时，打开原先保存的图 6.11 所示的轴结构图，然后将它复制到新建的装配图文件中。调整好原来轴结构图的位置，延长高速轴和低速轴的轴线；在 Center（中心线）层上适当的位置，绘制减速器主视图及左视图的中心线；为了便于减速器左视图的绘制，在 thin（细实线）层上绘制引导线，如图 6.12 所示。接着根据大小齿轮尺寸，根据表 4.1 中算出的箱体结构尺寸，根据第 4 章图 4.36(a)要求的大齿轮齿顶圆到油池底面的距离；并考虑到第 4 章中所述对箱体结构设计应满足的基本要求，并按机械制图的要求可绘制出图 6.13 所示的减速器主视图、左视图和俯视图中相关零件的主要轮廓形状。

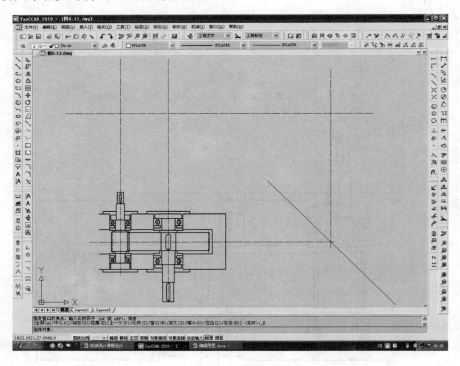

图 6.12

当减速器主视图、左视图和俯视图中相关零件的主要轮廓形状确定后，开始在减速器中适当的位置绘制如吊环螺钉、窥视孔盖等一些附件，并对零件进行具体的结构设计，如确定轴的倒角，齿轮轮辐的尺寸等等。在这设计中，减速器附件的确定可参考第 4 章 4.3 减速器附件设计。齿轮的结构设计可参考第 3 章表 3.1 圆柱齿轮结构图，或者打开[1]→【常用设计计算程序】→【齿轮传动】→【渐开线圆柱齿轮传动】→【结构】→【圆柱齿轮的结构】。铸造圆角半径可查取[1]→【零件设计结构工艺性】→【铸件结构工艺性设计】→【合金铸造性能对

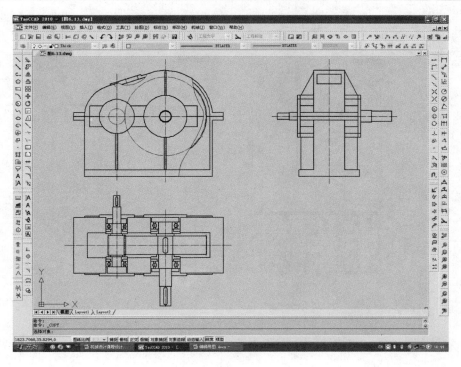

图 6.13

铸件结构工艺性的要求】→【铸造内圆角半径 R 值】；倒角、圆角的尺寸查取[1]→【零件结构设计工艺性】→【金属切削件加工件结构工艺性】→【金属切削件加工件的一般标准】→【零件倒圆与倒角】；螺栓处的通孔直径由[1]→【连接与紧固】→【螺纹和螺纹连接】→【螺纹连接结构设计】→【螺纹零件的结构要素】→【螺栓和螺钉通孔】选取；地脚螺栓通孔直径等由[1]→【连接与紧固】→【螺纹和螺纹连接】→【螺纹连接结构设计】→【地脚螺栓孔和凸缘】选取。

　　由于尧创 CAD 机械绘图软件提供了大量标准零件图形的图库，因此在该绘图过程中遇到需要的标准零件可以直接从图库中提取。吊环螺钉可从尧创 CAD 菜单中的【机械(J)】→【机械图库(B)】→【标准件】→【螺钉】→【内六角螺钉及其他】→【吊环螺钉 A 型】或【吊环螺钉 B 型】按表 4.8 选定的大小，直接提取。同样零件螺栓、螺母弹簧垫圈等标准也可以从图库中提取，这为减速器的设计带来了方便，缩短了设计时间，加快了设计进度。

　　由于一般的设计都属于改进型设计，所以在设计过程中要养成查找相关资料的习惯，这样能少走弯路，提高设计效率，加快设计进度。查找相关减速器的资料进行参考，但决不要完全照抄。因为照抄，只能停留在原有水平上，得不到提高。对资料上所用的一些零件、设计的结构多问几个为什么，只有这样才能使自己的设计得到更好的锻炼。

　　在减速器的设计过程中除了考虑零件的强度、刚度、稳定性等因素外，还要考虑到零件的加工工艺性、密封性、零件的干涉情况等许许多多因素。因此在设计过程中对已绘制好的一些零件进行必要的、合理的改动也是在设计过程中经常遇到的事情，这样改动的目的是使设计更加合理。

　　通过对图 6.13 减速器的进一步设计，便得到图 6.14 所示的、已绘制完成的减速器三视图。

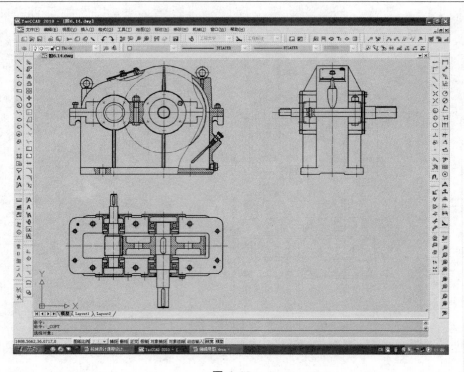

图 6.14

6.3.2 绘制减速器装配图步骤

为了便于学习绘制减速器装配图,在图 6.12 的基础上结合减速器三维图(图 6.15、图 6.3)及其在水平面上的投影图(图 6.4),叙述减速器主视图、左视图和俯视图的绘制。

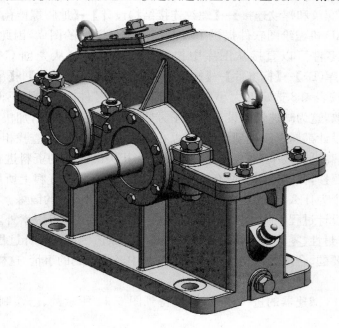

图 6.15

1. 在主视图上绘制大、小齿轮的分度圆,大齿轮齿顶圆和箱盖部分,如图 6.16 所示。绘图步骤可参考图中所标注的顺序。为了表达清楚零件在视图中的投影关系,图中绘制了双点划线,这些双点划线在绘制装配图时不必画出。

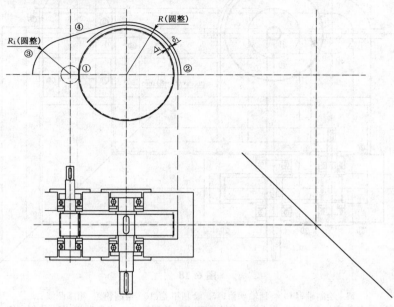

图 6.16

1. 绘制大、小齿轮分度图,大齿轮齿顶圆;2. 绘制箱盖右边内壁与外壁圆弧;
3. 绘制箱盖左边外壁圆弧;4. 连接箱盖左右外壁圆弧。

2. 在主视图上绘制箱座底凸缘、箱座左右两侧、箱盖与箱座凸缘,在俯视图上绘制箱盖与箱座的结合面,如图 6.17 所示。

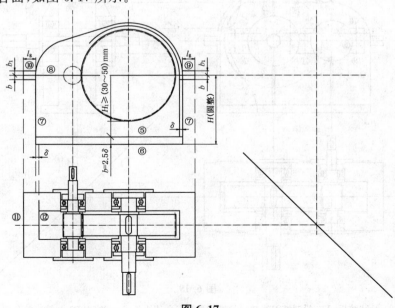

图 6.17

5. 绘制箱座底内线;6. 绘制箱座底线;7. 绘制箱座壁线;8. 绘制箱盖与箱座底面分界线;9. 绘制箱盖与箱座右凸线;
10. 绘制箱盖与箱座左凸线;11. 绘制箱盖与箱座接合面左外线;12. 绘制箱盖与箱座接合面左内线。

3. 根据主视图、俯视图绘制左视图的主要轮廓形状,如图 6.18 所示。

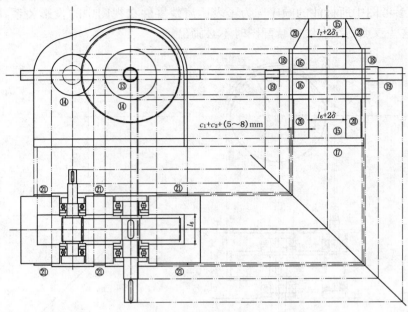

图 6.18

13. 绘制轴;14. 绘制轴承盖;15. 绘制箱盖;16. 绘制箱盖、箱座凸线;
17. 绘制箱座的凸线;18. 绘制大、小轴承盖;19. 绘制轴;20. 绘制肋板;21. 绘制底座。

4. 在主视图上绘制肋板,参考图 4.10、图 4.11 绘制箱盖与箱座的凸台。参考图 4.23、表 4.4 绘制窥视孔,并删除多余线条,如图 6.19、图 6.13 所示。

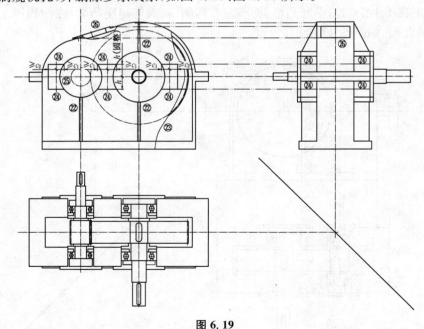

图 6.19

22. 绘制肋板;23. 绘制波浪线并删除齿顶圆等多余的线条;24. 绘制箱盖与箱座的凸台;
25. 删除箱盖与箱座结合面的多余线条;26. 绘制窥视孔。

5. 参考表 3.1 绘制齿轮的轮毂、轮幅和轮缘，并据前所述再绘制吊环螺钉、窥视孔盖等一些附件及相关零件，再对其余部分进行具体的结构设计，画上剖面线。这样就完成减速器三视图的绘制，绘制好的减速器三视图如图 6.14 所示。

6.3.3 绘制完整的减速器装配图

当减速器三个主要视图绘制完成后，需要对它进行认真的检查，以使设计的减速器正确、无误，从而便于后面的设计。主要检查内容可从结构、工艺和制图几个方面考虑。

1. 结构、工艺方面

1) 装配图布置与传动方案的布置是否一致，特别要注意装配图上伸出端的位置是否符合设计任务书中传动方案的要求。

2) 轴上零件沿轴向能否固定。

3) 轴上零件沿轴向能否顺利装配及拆卸。

4) 轴承轴向间隙和轴承组合位置(蜗轮的轴向位置)能否调整。

5) 润滑和密封是否能保证。

6) 箱体结构的合理性及工艺性、附件的布置是否恰当，结构是否正确。

7) 重要零件(如传动件、轴及箱体等)是否满足强度、刚度等要求，其计算方法和结果是否正确。

2. 制图方面

1) 减速器中所有零件的基本外形及相互位置是否表达清楚。

2) 各零件的投影关系是否正确，应特别注意零件配合处的投影关系。

3) 螺纹联接、弹簧垫圈、键联接、啮合齿轮以及其他零件的画法是否符合机械制图标准规定画法。

为了便于检查和修改装配图，本章 6.5 节中列举了装配图中一些常见的错误画法和改进后的正确画法，以供参考。

将图 6.14 所示的减速器三个视图检查、画正确后，还应加上用来表示减速器规格、性能，以及装配、安装、检验、运输等方面所需的尺寸；用文字或代号说明减速器在装配、检验、调试时需达到的技术条件和要求及使用规范等技术要求；用来记载零件名称、序号、材料、数量及标准件规格、标准代号的明细表，同时填写标题栏中的内容。只有这些全部完成后，才能成为一张完整的减速器装配图，如图 6.21 所示。

将图 6.14 中的三视图绘制成完整的装配图，可采用以下办法：

1. 打开尧创 CAD 机械绘图软件，点击插入图框图标，在图框标题栏内选图幅 A1、比例 1∶2，填写设计者姓名等的内容，再点击【确定】，选取原点为插入点，单击鼠标左键便完成图框的建立。再把图 6.14 的减速器三视图复制在图框中，并将三个视图各自移动到适当的位置，如图 6.20 所示，并作为一个新文件保存起来。

2. 标注减速器的性能尺寸、装配尺寸、安装尺寸、外形尺寸。

3. 标注零件序号，填写好明细表、标题栏，写上减速器特性与技术要求，并用移动命令将视图、序号、技术要求等移动到适当的位置，这样就完成了一张图 6.21 所示的完整的减速器装配图。

在装配图中，要标注的轴承与轴、轴承与箱座、箱盖的配合代号可按《机械设计基础》中滚动轴承这一章所讲述的内容选择，齿轮与轴的配合可以根据《机械制造基础》公差与配合

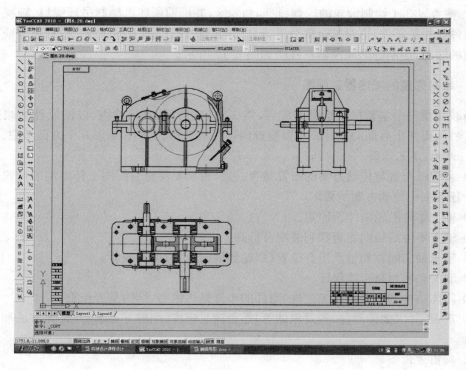

图 6.20

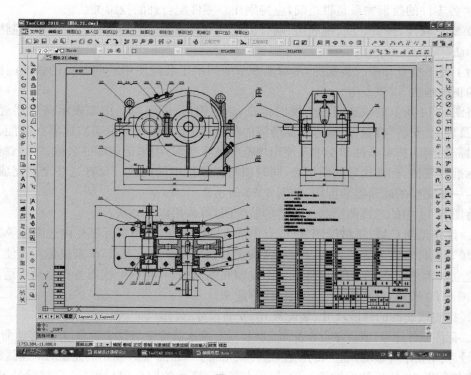

图 6.21

中的内容选择。这些配合代号的选取还可参考[1]→【零部件设计基础标准】→【公差与配合】→【极限与配合】→【常用数据】→【优先及常用配合的特征及应用】,也可参考其他减速器装配图中相关处的配合代号,或者根据表 6.3 选取。

　　齿轮中心距极限偏差可选自用软件设计该对齿轮传动所得的中心距极限偏差,也可从[1]→【齿轮传动】→【渐开线圆柱齿轮传动】→【精度】→【中心距偏差】中选取。在装配图中要用相关齿轮传动精度方面的一些数据均可从这些地方获取。在装配图中还有一些配合代号的标注,如端盖与箱座之间的配合,除了参考同类减速器设计外,也可从[1]→【零部件设计基础标准】→【公差与配合】→【极限与配合】→【常用数据】→【优先及常用配合的特征及应用】适当选取。

表 6.3　减速器主要零件的推荐用配合

配　合　零　件	推　荐　用　配　合	装拆方法
一般情况下的齿轮、蜗轮、带轮、链轮、联轴器与轴的配合	H7/r6；H7/n6	用压力机
小圆锥齿轮及经常拆卸的齿轮、蜗轮、带轮、链轮、联轴器与轴的配合	H7/m6；H7/k6	用压力机或手锤打入
蜗轮轮缘与轮芯的配合	轮箍式：H7/s6 螺栓联接式：H7/h6	轮箍式用加热轮缘或用压力机推入,螺栓联接式可用徒手装拆
滚动轴承内圈孔与轴、外圈与机体孔的配合	内圈与轴：j6；k6 外圈与孔：H7	温差法或用压力机
轴套、挡油板与轴的配合	D11/k6；F9/k6；F9/m6；H8/h7；H8/h8	
轴承套环与机体孔的配合	H7/js6；H7/h6	徒手装配与拆卸
轴承端盖与机体孔(或套杯孔)的配合	H7/d11；H7/h8	

　　减速器特的特性可以以表格形式将这些参数列出,也可以直接用文字写出,其目的是标明设计的减速器的各项运动和动力参数。

　　由于装配、调整、检验、维护等方面的设计要求是无法用符号、数据表达清楚的,所以在装配图上要用文字加以说明,以保证减速器的各种性能,这些设计要求就是技术要求。

　　技术要求通常包括下面几方面的内容:

　　1. 对零件的要求　所有零件的配合都要符合设计图纸的要求,并且在使用前要用煤油或汽油清洗。机体内不许有任何杂物存在,机体内应清洗干净,机体内壁应涂上防侵蚀的涂料。

　　2. 对润滑剂的要求　润滑剂具有减少摩擦、降低磨损、散热冷却及减振、防锈作用,对传动性能有很大影响。所以技术条件要求中表明传动件和轴承所用的润滑剂的牌号、用量、补充和更换时间。具体选择润滑剂的方法、型号见第 4 章 4.4 减速器的润滑。

　　3. 对密封的要求　在试运转过程中,减速器所有的连接面和密封处都不允许漏油。剖分面允许涂以密封胶水或水玻璃,但不允许使用任何垫片。

　　4. 对滚动轴承轴向游隙的要求　当两端固定的轴承结构中采用不可调间隙的轴承(如深沟球轴承)时,可在端盖与轴承外圈端面间有适当的轴向间隙 Δ,以允许轴的热伸长,一般取 $\Delta = (0.2 \sim 0.4)$ mm。当轴的支点间距离较大,运转温度升高时,取大值。间隙的大小可以用垫片调整。调整垫片可采用一组厚度不同的软钢(通常用 08F)薄片组成,其总厚度在 (1.2～2)mm 之间。

5. 对传动副的侧隙与接触斑点的要求　在安装齿轮或蜗杆蜗轮时,为了保证传动副的正常运转,必须保证必要的侧隙及足够多的齿面接触斑点。所以在技术要求中必须提出这方面的具体数值,供安装后检验用。侧隙和接触斑点的数值由传动精度确定可从[1]→【齿轮传动】→【渐开线圆柱齿轮传动】→【精度】中查取。

传动侧隙的检查可以用塞尺或铅丝塞进相互啮合的两齿面间,然后测量塞尺厚度或铅片变形后的厚度。

以上要求可视具体情况填写,也可参考同类减速器中的技术要求并结合所设计减速器的特点来填写。

尧创 CAD 机械绘图软件的优点之一是,在图幅中比例设置好后,标注尺寸时可以不去考虑比例,该软件可以根据设计中所确定的实际尺寸,把它标注出来。另外序号的标注、序号的对齐、明细表、标题栏的填写等都特别方便。

6.4　简易螺旋传动装置装配图的绘制

装配图的绘制具有共性,因此简易螺旋传动装置装配图的绘制可参考减速器装配图绘制的方法进行。但绘制减速器装配图时参考资料较多,而简易螺旋传动装置除了千斤顶、压力机等少量的螺旋装置供参考外,多数要根据使用要求、使用条件的不同进行设计,绘制不同的装配图。但其绘图步骤还可参考图 6.22～6.25 螺旋千斤顶的绘图步骤进行。由于螺旋千斤顶在绘图之前已把相关的尺寸计算出来,所以可以一步一步地将其装配图绘制出来,其绘制方法如下:

1. 在计算机上打开尧创 CAD 机械绘图软件后,在 Center(中心线)层上绘制螺杆、螺母的中心线,再在 Thick(粗实线)层上绘制螺杆与螺母,如图 6.22 所示。

2. 在 Thick(粗实线)层上绘制螺杆底板,插入螺杆底部处螺纹盲孔和螺栓并进行整理;然后绘制底座,如图 6.23 所示。

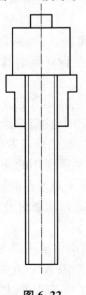

图 6.22

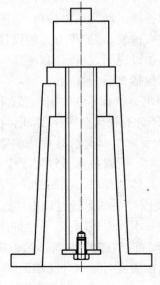

图 6.23

3. 绘制托杯、挡圈,插入螺杆顶部处螺纹盲孔和螺栓,插入底座上部处紧定螺钉并进行整理,再画手柄,得到如图 6.24 所示的千斤顶装配结构图。

4. 新建一个文件,然后根据螺旋千斤顶总的高度,并考虑绘制装配图时应标注零件序号,绘制明细表等因素,选择图纸幅面和绘图比例,并插入图框。

5. 将图 6.24 所示的千斤顶装配结构图复制到该图框中,并加以整理,再绘上剖面线、填写技术要求,标上配合尺寸与配合代号,标上零件序号、填写明细表。完成的螺旋千斤顶装配图如图6.25 所示。

为了便于检查和修改螺旋千斤顶装配图,可参考本章 6.5.3 千斤顶装配图常见的错误示例。

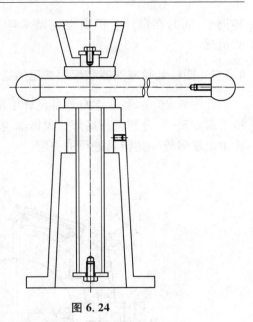

图 6.24

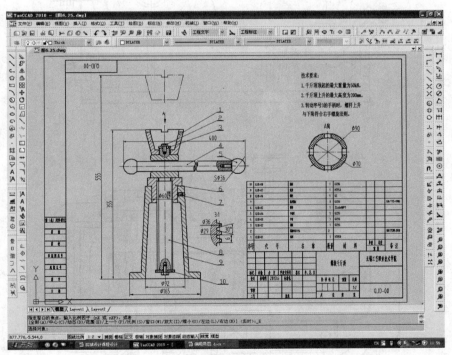

图 6.25

6.5　减速器装配图常见的错误示例

初次设计时常会出现这样那样的错误,这是很正常的事。以下是学生在绘制装配图中一些常见的错误。为了在设计中尽量减少错误,最好是在绘图之前先认真分析一下这些例子,同时在设计过程中也应经常与这些例子进行对照,以防自己在绘图中出现类似的情况。

6.5.1　圆柱齿轮减速器装配图常见的错误示例

在图 6.26 中,标注字母处是设计中出现的错误。图 6.27 至图 6.35 是对图 6.27 中所举错误 1 至 38 分别进行局部放大详细说明。图 6.36 至图 6.41 也是对圆柱齿轮减速器设计中出现另外一些错误进行的说明。

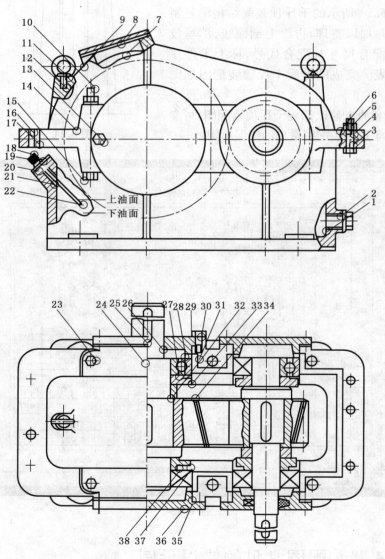

图 6.26

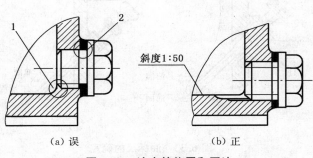

（a）误　　　　（b）正

图 6.27　油塞的位置和画法

1. 油塞位置太高,油无法完全排出,箱体底部应有 1：50 的斜度;
2. 垫圈内径小于油塞大径,实际垫圈无法装上

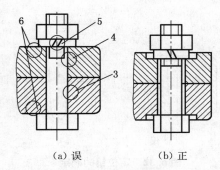

（a）误　　　　（b）正

图 6.28　普通螺栓联接

3. 没画空隙;4. 螺纹小径用细实线画;
5. 弹簧垫圈开口方向反了;6. 应设鱼眼坑

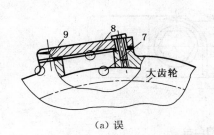

（a）误

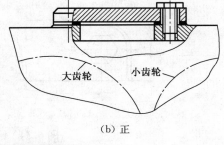

（b）正

图 6.29　窥视孔盖的位置和画法

7. 窥视孔的位置应处在两齿轮的啮合部位上部;
8. 垫片没剖着部分不应涂黑;9. 缺轮廓线

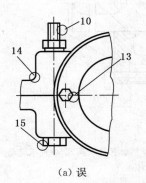

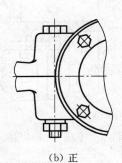

（a）误　　　　（b）正

图 6.30　轴承座凸台及螺栓联接

10. 螺栓太长,外露 2～3 个螺距;
13. 螺钉位置不对,处在剖分面上;
14. 漏画凸台过渡线;
15. 螺栓过长时,应从上向下安装

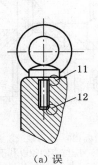

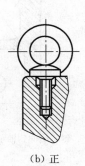

（a）误　　　　（b）正

图 6.31　吊环螺钉

11. 无螺钉沉头座孔;
12. 螺纹孔应有余量

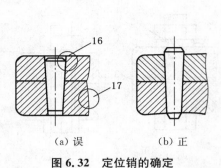

（a）误　　　　　　（b）正

图 6.32　定位销的确定

16. 销钉应长一点，方便装拆；
17. 相邻零件剖面线方向应相反

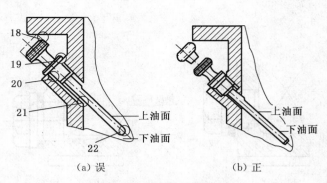

（a）误　　　　　　（b）正

图 6.33　油标尺的确定

18. 油标尺无法装拆；19. 应有螺纹退刀槽；
20. 缺螺纹线；
21. 漏画箱壁投影线，内螺纹太长；
22. 油标尺太短，测不到下油面

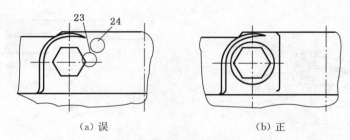

（a）误　　　　　　（b）正

图 6.34　俯视图中的凸台

23. 漏画鱼眼坑的投影圆；24. 漏画机体上的投影线

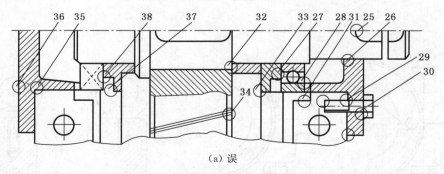

（a）误

25. 键不应伸到轴承盖内；26. 轴与轴承盖之间应有间隙；27、38. 挡油环与轴承接触部分太高，影响轴承转动；
28. 应留有间隙以利于轴受热伸长；29. 漏画局部视线，螺孔应深些；
30. 漏画螺钉与安装孔间隙；31. 轴承采用油脂润滑，没有输油沟；
32. 安装齿轮的轴头太长，套筒厚度不够；
33. 挡油环与轴承孔之间应有间隙，环的内端面应伸出箱体内壁 1～2 mm，以利于将油甩出；
34. 斜齿轮上的斜线不应出头；35. 相配合的两零件不应都制成尖角或同圆角；
36. 应减少加工面；37. 漏画轴承座孔的投影线

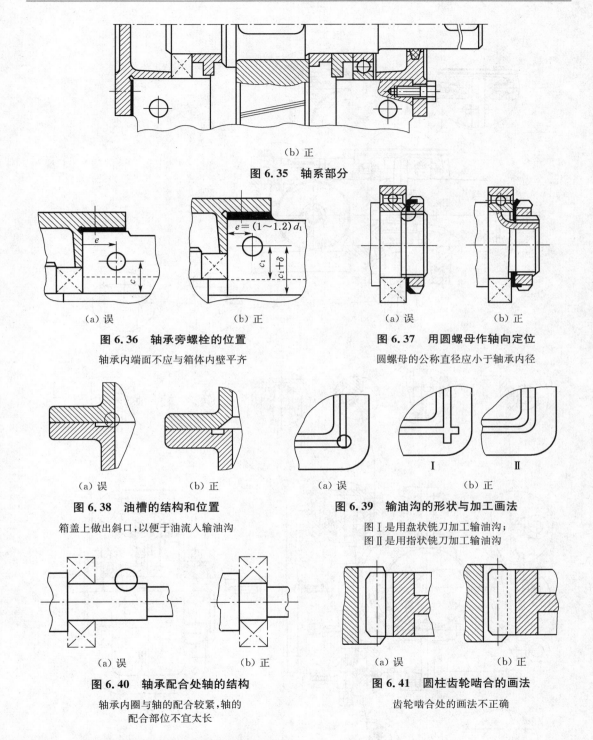

（b）正

图 6.35　轴系部分

（a）误　　　　　（b）正

图 6.36　轴承旁螺栓的位置

轴承内端面不应与箱体内壁平齐

（a）误　　　　　（b）正

图 6.37　用圆螺母作轴向定位

圆螺母的公称直径应小于轴承内径

（a）误　　　　　（b）正

图 6.38　油槽的结构和位置

箱盖上做出斜口，以便于油流入输油沟

（a）误　　　　　（b）正

图 6.39　输油沟的形状与加工画法

图 Ⅰ 是用盘状铣刀加工输油沟；
图 Ⅱ 是用指状铣刀加工输油沟

（a）误　　　　　（b）正

图 6.40　轴承配合处轴的结构

轴承内圈与轴的配合较紧，轴的
配合部位不宜太长

（a）误　　　　　（b）正

图 6.41　圆柱齿轮啮合的画法

齿轮啮合处的画法不正确

6.5.2　蜗杆减速器装配图常见的错误示例

在图 6.42 蜗杆减速器图中，圈出并标注数字处是设计中出现的错误，为了便于比较，在旁边画出了正确图，并在图中相对应的数字处进行了的说明。

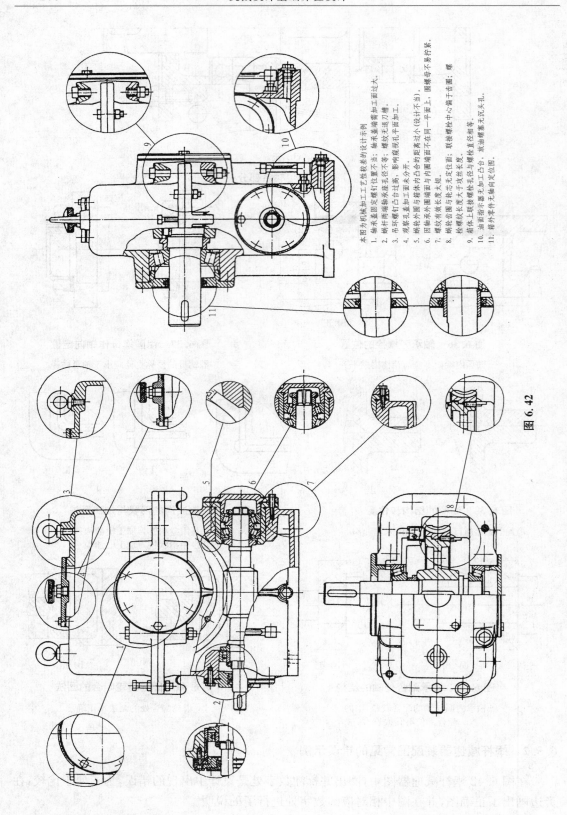

本图为机械加工工艺性较差的设计示例

1. 轴承盖固定螺钉位置不当；轴承盖端面加工面过大.
2. 蜗杆两端轴承座孔径不等；螺纹退刀槽.
3. 吊环螺钉凸台过高，影响端盖视孔平面加工.
4. 观察孔盖加工面未分开.
5. 蜗杆外圆端面与箱体内凸台的距离过小（设计不当）.
6. 固轴承外圆端面与凸台距离过大.
7. 蜗杆齿圈与轮毂无定位面；螺纹有效长度无长度.
8. 检螺栓上联接螺栓孔径与攻丝螺栓长度；箱体上联接螺栓凸台无加工凸台.
9. 油面指示器无放油螺塞直径相等.
10. 联接螺栓中心偏于偏孔圆面；圆螺母不易拧紧；螺母螺孔定位图.
11. 箱外零件无轴向定位图.

图 6.42

6.5.3 千斤顶装配图常见的错误示例

由于千斤顶结构简单,所以在设计、绘图中出现的错误较少。但也会出现一些不容忽视的错误。图 6.43 至图 6.45 通过比较,对千斤顶设计、绘图中出现的错误进行了详细说明。

图 6.43 中螺杆上部的挡圈压住了托杯,当转动螺杆时,挡圈压住了托杯而使托杯也跟着旋转,不能正常工作。另外托杯顶部所开豁口的线不应是直线,应为曲线;螺杆头部与手柄的相贯线也不应是直线,其正确的结构如图 5.7 所示。

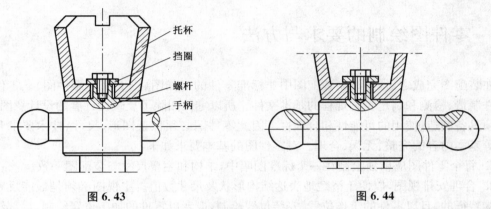

图 6.43   图 6.44

图 6.44 所示的千斤顶手柄,因为两边的手柄球与手柄为一体,手柄球的直径比螺杆头部的手柄孔大,因此装不进,所以这种的设计是错误的。如果改为图 5.13 所示的结构,即一个手柄球制造成带螺栓的可拆结构,就可以顺利地装拆了。

图 6.45 千斤顶底座的设计是错误的,因为底座太高,螺杆距底座的底面 L 太高,因而使底座加大、结构庞大、重量增加,材料浪费。其正确的结构如图 5.14 所示,这时螺杆距底座的底面 L 减小,结构比较合理。

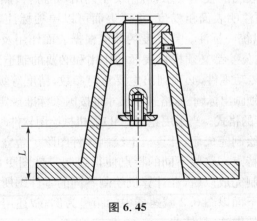

图 6.45

第 7 章　零件图的绘制

7.1　零件图绘制的要求与方法

在装配图完成之后,可绘制装配图中非标准零件的工作图(以下简称零件图)。零件图是零件制造、检测和制定工艺规程的基本文件。所以零件图除了反映设计者的设计意图外,又必须具备制造、使用的可能性和合理性。因此零件图必须保证图形、尺寸、技术要求和标题栏等基本内容的完整、无误、合理。对零件图的基本要求如下:

1. 每个零件图应单独绘制在一个标准图幅中,结构和主要尺寸与装配图一致。

2. 合理安排视图,以便于清楚地表达结构形状及尺寸数值。主视图必须是最能反映零件结构特征的,且以零件的工作位置、安装位置绘制,或者以零件的加工位置绘制,局部结构可以另行放大绘制。

3. 正确标注零件图的尺寸,选好基准面,重要尺寸直接标出,尺寸应标注在最能反映零件结构特征的视图上。对要求精确的尺寸和配合尺寸,必须标注尺寸极限偏差。标注尺寸应做到完整,便于加工,避免重复、遗漏、封闭及数值差错。

4. 运用符号或数值表明制造、检验、装配的技术要求。如表面粗糙度、形位公差等。对于不便使用符号和数值表明的技术要求,可用文字列出,如材料、热处理、安装要求等。

5. 所有表面都必须注明表面粗糙度,重要表面可以单独标注,当数量较多的表面具有相同表面粗糙度时,可以统一标注。粗糙度的数值根据表面作用及制造经济性原则选取。

6. 尺寸公差和形位公差都必须根据表面的作用和必要的制造经济精度确定。

7. 对齿轮、蜗轮等传动零件,必须列出主要几何参数,精度等级及项目的啮合特性表。

8. 零件图右下角必须画出标题栏,格式和尺寸可按国家标准规定的格式绘制,也可采用如《机械制图》等资料上推荐的格式。当采用尧创 CAD 等机械绘图软件时,标题栏可直接设置。

在计算机把装配图绘制完成后,计算机上绘制零件图除了遵守上述要求之外,它还有与手工绘制零件图不同的特点。这些不同的特点使得绘制零件图更加方便、更加快捷。当然在计算机上把装配图绘制完成以后,在计算机绘制不同的零件图所用的方法有所差异,但它们有一些共性的地方。下面以图 6.2 减速器中的箱座为例,叙述用尧创 CAD 机械绘图软件绘制零件图时一些共性的做法,具体为:

1. 新建一个有边框及有标题栏的 GBA1 幅面的文件,并将绘图比例设置为 1∶1.5,并在标题栏内填入相关内容,如图 7.1 所示。

绘图比例可以和装配图中的比例一样,也可以不同,也可以按 1∶1 设置。绘图比例的设置完全是根据需要设置。装配图中的比例是 1∶2,这里取比例 1∶1.5 是考虑到这样设

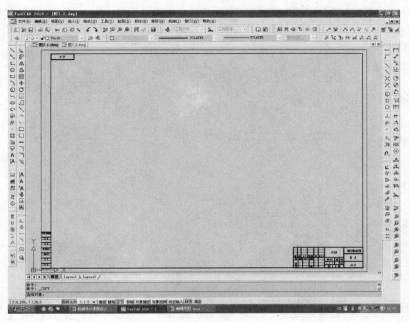

图 7.1

置后,箱座的几个视图(包括标注的尺寸、技术要求)在图中显得较为饱满,看起来更为清晰。

　　2. 打开原先用尧创 CAD 机械绘图软件绘制完成的图 6.21 的减速器装配图,然后关闭 DIM(尺寸线)层、Hatch(剖面线)层、Text(文本)层,如图 7.2 所示。

　　3. 用复制与粘贴命令,将图 7.2 中与箱座有关的部分复制到新建的文件中并保存,如 图 7.3 所示。这时复制进去的图形自动按 1∶1.5 的比例生成。在以后的尺寸标注,距离测 量等中不受该比例的影响。

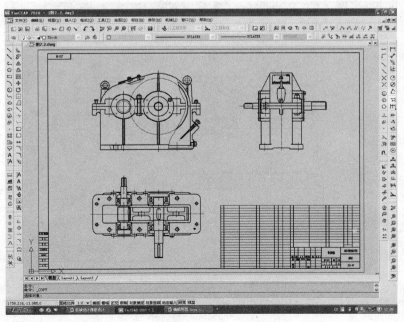

图 7.2

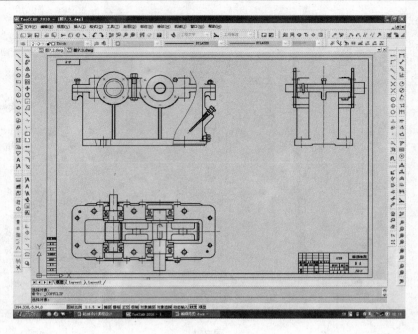

图 7.3

4. 删除与箱座无关的零件与线条,并稍加整理后得到的箱座三视图,如图 7.4 所示。在整理图 7.4 所示的主视图时,特别要注意两个轴承孔与俯视图上轴承孔的尺寸是否一致。因为原先复制到主视图上两个轴承孔处的圆不是轴承孔,而是轴承盖上的孔,并且它与轴承孔尺寸差不多,容易引起混淆。

5. 绘制箱座如倒角、小圆角、螺纹等细部结构,并绘制剖视图、向视图等一些局部视图,

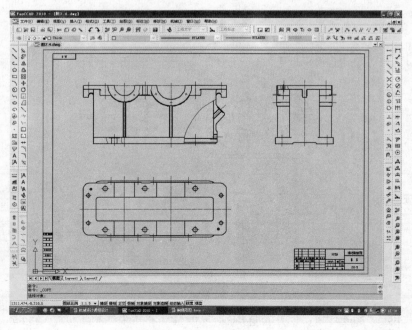

图 7.4

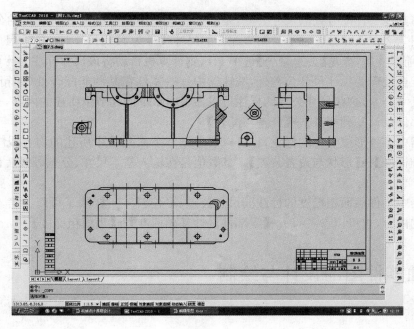

图 7.5

作一些必要的修改，并画上剖面线，得到如图 7.5 所示完全反映箱座结构的全部视图。因为这一过程进一步反映所画零件图的正确性，所以一定要认真对待，仔细分析，避免出现错误。

6. 最后在图中标注尺寸、尺寸公差、形位公差、表面粗糙度、剖切符号、向视图符号及名称、写上技术要求，补写标题栏中相关内容。图 7.6 为完成后图 7.2 装配图中箱座的零件图。

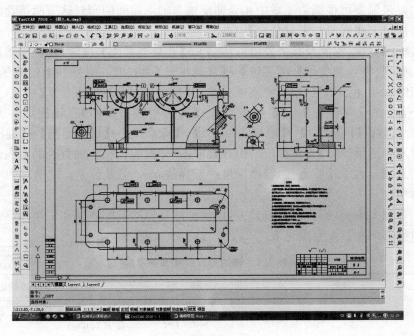

图 7.6

标注与其他零件配合处的尺寸公差，是根据装配图中相应配合处所确定的公差代号进行的。如图 7.2 中低速轴处轴承与箱座配合的尺寸代号为 $\phi110\text{H7}$，则在标注尺寸时取该圆两端点，取前缀 ϕ 后，点击【公差带…】选中 H7，则计算机自动将该尺寸标注为 $\phi110_{0}^{+0.035}$。

除了配合处需要标注尺寸公差外，减速器中一些零件在某些非配合处（如箱座高度）也要求标注尺寸公差，这些尺寸公差的标注可以参考本章下面几节中所述的内容，也可以参考[1]→【零部件设计基础标准】→【公差与配合】。

减速器中零件形位公差的标注，也可以参考本章下面几节中所述的内容或[1]→【零部件设计基础标准】→【形状与位置公差】。其数值是在输入基本尺寸、公差等级后计算机自动生成的。

减速器中零件表面粗糙度的标注同尺寸公差、形位公差一样除了可以参考本章下面几节中所述的内容，也可以参考[1]→【零部件设计基础标准】→【表面粗糙度】。

7.2　轴零件图的设计与绘制

7.2.1　轴零件图绘制的一般要求

轴的零件图一般只需绘制一个视图。在有键槽处增加必要的剖视图或断面图。对于不易表达清楚的局部，如退刀槽，中心孔，必要时应绘制局部放大图。

标注直径时，轴上配合部位（如轴头、轴颈，密封装置处等）的直径尺寸，都要标注出极限偏差。轴头、轴颈处极限偏差的数据，是根据装配图中相应配合处所确定的公差代号定的。而密封处的极限偏差可根据第 4 章中 4.5 伸出轴与轴承盖间的密封这节所推荐的极限偏差而定。也可从[1]→【润滑与密封装置】中查取。

轴上键槽的宽度、深度及其公差值可从[1]→【连接与紧固】→【键、花键和销连接】→【键和键连接的类型、特点和应用】→【平键】→【普通平键】中查取。另外轴上键槽的宽度、深度包括其断面图在用尧创 CAD 机械绘图软件绘图时，可以根据轴的直径从【机械（J）】→【机械图库（B）】→【参数化零件库】→【键与键槽】→【普通平键槽（轴）】直接提取。也可从尧创 CAD 机械绘图软件【机械（J）】→【机械图库（B）】→【标准件】→【键与键槽】→【键槽】→【键与键槽】→【普通平键槽（轴）】直接提取。但在提取图形时，应在相应轴直径的范围内输入绘制该键槽处的直径。为了检验方便，键槽深度一般标注 $d-t$ 值及公差。键槽对轴中心线的对称度公差其精度按 7～9 级选取。

轴上的各重要表面，应标注形位公差，以保证减速器的装配质量和工作性能。轴的形位公差标注时推荐的项目及精度见表 7.1、表 7.2。

表 7.1　轴的形位公差推荐项目

内　容	项　目	符　号	对工作性能的影响
形状公差	配合表面的圆度、圆柱度	○ ⌭	影响传动零件、轴承与轴的配合性质及对中心

续表 7.1

内　容	项　目	符　号	对工作性能的影响
位置公差	配合表面相对于基准轴线的径向圆跳动、全跳动、同轴度	↗ ↙ ◎	影响传动零件或轴承的运转偏心
	齿轮、轴承的定位端面对其配合表面的端面圆跳动、全跳动	↗ ↙	影响齿轮、轴承的定位精度及受载的均匀性
	键槽相对轴中心线的对称度	＝	影响键受载的均匀性及装拆的难易程度

表 7.2　轴加工表面的形位公差推荐用值

内容	轴的加工表面	相配合的零件	形　位　公　差			
圆柱度	轴颈、轴头	滚动轴承、齿轮、蜗轮	取配合表面直径公差的 1/4，或取圆柱度公差等级为 6～7 级			
		带轮、联轴器	取配合表面直径公差的 0.6～0.7 倍，或取圆柱度公差等级为 7～8 级			
径向跳动	轴颈	滚动轴承	IT6(滚动轴承)、IT5(滚子轴承)，或取径向跳动公差等级为 6～7 级			
	轴头	圆柱齿轮	第 Ⅰ 公差组精度等级	6	7、8	9
				2IT3	2IT4	2IT5
		蜗杆、蜗轮			2IT5	2IT6
		联轴器、链轮	轴的转速 n(r/min)	300	600	1 000　1 500
			(mm)	0.08	0.04	0.024　0.016
		橡胶油封	轴的转速 n(r/min)	≤500	>500～1 000	>1 000～1 500
			(mm)	0.1	0.07	0.05
端面跳动	轴肩	滚动轴承	(1～2)IT5(球轴承)，(1～2)IT4(滚子轴承)			
		齿轮、蜗轮(毂孔长径比<0.8)	第 Ⅱ 公差组精度等级	6	7、8	9
				2IT3	2IT4	2IT5
对称度	键槽侧面	平键	按 IT7～IT9 级查取			

　　轴的各表面一般都要进行加工,其表面粗糙度值按表 7.3 选取。若较多表面具有同一粗糙度值,可在零件图的右上角集中标注,并加"其余"字样。

　　凡在零件图上不便使用图形或符号,而在制造时又必须遵循的要求和条件,可在技术要求中用文字说明。轴类零件图的技术要求包括:

　　1. 对材料的机械性能、化学成分的要求及允许的代用材料。

　　2. 对材料表面机械性能的要求,如热处理方法,热处理后的硬度,渗碳深度、淬火深度等。

　　3. 对机械加工的要求,如是否要保留中心孔。若要保留中心孔,应在零件图上画出或按国标加以说明。

　　4. 对于未注明的圆角、倒角的说明,个别部位的修饰加工要求,以及对较长的轴要求毛坯校直等。

轴零件图图例见图 7.8。

表 7.3　轴加工表面的粗糙度推荐用值　　　　　　　　　　单位：μm

加工表面	表面粗糙度值（R_a）		
与传动零件、联轴器等零件毂孔配合表面	3.2～0.8		
与普通级滚动轴承内圈配合的表面	1.6～0.8（轴承内径 $d \leqslant 80\ mm$） 3.2～1.6（轴承内径 $d > 80\ mm$）		
与传动零件、联轴器基准端面配合的轴肩表面	6.3～3.2		
与滚动轴承面配合的轴肩表面	3.2～1.6		
平键槽表面	6.3～3.2		
与密封件相接触的表面	毡圈油封	橡胶油封	间隙或迷宫油封
	接触处轴的线速度（m/s）		3.2～1.6
	≤3	>3～5	>5～10	
	3.2～1.6	0.8～0.4	0.4～0.2	
螺纹加工表面	0.8（精密精度螺纹），1.6（中等精度螺纹）		
其他表面	6.3～3.2（工作面），12.5～6.3（非工作面）		

7.2.2　轴零件图在计算机上的绘制

由于减速器的装配图是在计算机上绘制完成的，所以轴零件图的绘制与前面所述的箱座零件图绘制方法类似，具体操作为：

1. 新建一个有边框及有标题栏的 GBA3 幅面的文件，绘图比例设置为 1∶1，并在标题栏内填入相关内容，其界面与图 7.1 基本一样。

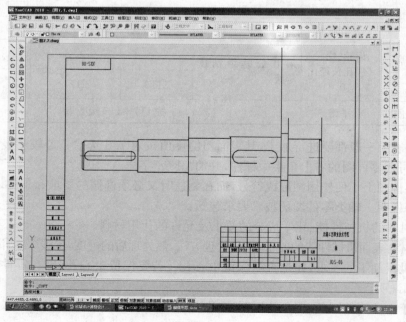

图 7.7

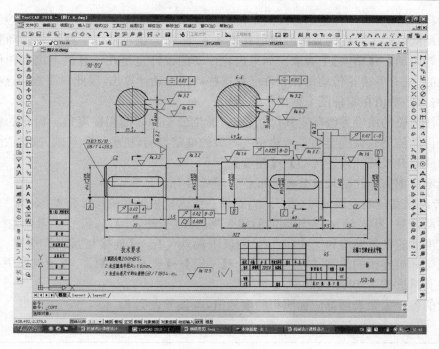

图 7.8

2. 打开原先用尧创 CAD 机械绘图软件绘制完成的图 6.21 所示的减速器装配图,然后关闭 DIM(尺寸线)层、Hatch(剖面线)层、Text(文本)层,如图 7.2 所示。

3. 用复制与粘贴命令,将轴复制到新建的文件中。根据轴类零件"以零件的加工位置"绘制零件图的原则,在复制过程中应把在装配图中的轴旋转 90°或−90°,使其处于水平位置,如图 7.7 所示。

4. 剪切掉多余的线条,画上圆角,移出断面图,标注尺寸、尺寸公差、形位公差、表面粗糙度、剖切符号、写上技术要求,填写标题栏中相关内容,得到图 7.8 所示的轴零件图。

7.3　齿轮零件图的设计与绘制

7.3.1　齿轮零件图绘制的一般要求

齿轮的零件图一般需一个或两个视图,就能完整地表达齿轮的几何形状与各部分尺寸和加工要求。齿轮轴的视图与轴的零件图相似。齿轮主视图可将轴线水平布置,用剖视表达孔、轮毂、轮辐和轮缘的结构。键槽的尺寸和形状,亦可用断面图来表达。

齿轮的轴孔和端面既是工艺基准,也是测量和安装的基准,所以标注尺寸时以轴孔的中心线为基准,在垂直于轴线的视图上注出径向尺寸,齿宽方向的尺寸则以端面为基准标出。

标注尺寸时应注意:齿轮的分度圆虽然不能直接测量,但是它是设计的基本尺寸,应标注在图上或写在啮合特性表中,齿根圆是按齿轮参数切齿后形成的,按规定在图上不标注。

齿顶圆作为测量基准时有两种情况:一是加工用齿顶圆定位或找正,此时需要控制齿坯齿顶圆的径向跳动;另一种是用齿顶圆定位检验齿厚或基节尺寸公差,此时需要控制齿坯顶圆公差和径向跳动。它们的具体数值可查表 7.4、表 7.5,也可从[1]→【齿轮传动】→【渐开线圆柱齿轮传动】→【精度】中查取。如果齿轮传动的设计也是在计算机上用齿轮传动设计软件完成的,则有些齿轮传动设计软件已将这些数值自动计算出,因此只需查阅这些数值就可,然后将这些数值在零件图上标出。

通常按齿轮的精度等级确定其尺寸公差、形位公差和表面粗糙度值。齿轮的精度等级是在设计齿轮传动时就确定的。齿轮精度等级的确定参阅《机械设计基础》教材或[1]→【齿轮传动】→【渐开线圆柱齿轮传动】→【精度】。

齿轮零件图需标注的尺寸公差与形位公差项目有:

1. 齿顶圆直径的极限偏差(表 7.4);2. 轴孔或齿轮轴轴颈的尺寸公差(表 7.4);3. 齿顶圆径向跳动公差(表 7.5);4. 齿轮端面的端面跳动公差(表 7.5);5. 齿厚极限偏差(表 7.6);6. 键槽宽度 b 的极限偏差和尺寸($d+t_1$)的极限偏差([1]→【连接与紧固】→【键、花键和销连接】→【键和键连接的类型、特点和应用】→【平键】→【普通平键】);6. 键槽对轴中心线的对称度公差其精度按 7～9 级选取。

齿轮的各个主要表面都应标明粗糙度数值,可参考表 7.7。

表 7.4　圆柱齿轮轮坯公差

	齿轮精度等级	6	7	8	9
孔	尺寸、形状公差	IT6	IT7		IT8
轴	尺寸、形状公差	IT5	IT6		IT7
	顶圆直径公差		IT8		IT9

注:① 齿轮的 3 个公差组的精度等级不同时,按最高的精度等级选取;
②当顶圆作为基准面时,必需考虑顶圆的径向跳动,表 7.5。

表 7.5　齿坯基准面径向和端面跳动公差　　　　　　　　单位:μm

分度圆直径/mm		精度等级		
大于	到	5 和 6	7 和 8	9 到 12
—	125	11	18	28
125	400	14	22	36
400	800	20	32	50

表 7.6　齿厚极限偏差代号

分度圆直径 (mm)		法面模数(mm)								
		>1～3.5			>3.5～6.3			>6.3～10		
		Ⅱ组精度等级								
大于	到	7	8	9	7	8	9	7	8	9
—	80	HL	GK	FH	GJ	FH	FH	GJ	FH	FH
80	125	HL	GK	GJ	GJ	GJ	FH	GJ	FH	FH

续　表

分度圆直径 (mm)		法面模数(mm)								
		>1~3.5			>3.5~6.3			>6.3~10		
		Ⅱ组精度等级								
大于	到	7	8	9	7	8	9	7	8	9
125	180	HL	GK	GJ	GJ	GK	FH	GJ	FH	FH
180	250	HL	HL	GJ	HK	GK	FH	GJ	GJ	FH
250	315	JL	HL	GJ	HL	GK	GJ	HK	GJ	FH
315	400	KM	HL	HK	HK	GK	GJ	HK	GJ	GJ
400	500	JL	HL	JL	JL	HL	HK	HK	GK	GJ
500	630	KM	HL	JL	JL	HL	HK	HK	GK	GJ

表 7.7　圆柱齿轮主要表面粗糙度　　　　　　　　　　单位:μm

加 工 表 面		粗糙度值(R_a)				
		齿轮第Ⅰ组精度等级				
		6	7	8	9	10
轮齿工作表面	法向模数≤8	0.4	0.8	1.6	3.2	6.3
	法向模数>8	0.8	1.6	3.2	6.3	6.3
齿轮基准孔(轮毂孔)		0.8	1.6~0.8	1.6	3.2	3.2
齿轮基准轴颈		0.4	0.8	1.6	1.6	3.2
齿轮基准端面		1.6	3.2	3.2	3.2	6.3
齿顶圆	作为基准	1.6	3.2~1.6	3.2	6.3	12.5
	不作为基准	6.3~12.5				
平键键槽		3.2(工作面),6.3(非工作面)				

　　倒角、圆角和铸(锻)造斜度应逐一标注在图上或写在技术要求中,尺寸公差、形位公差、表面粗糙度应标注在视图上。

　　齿轮零件图上的啮合特性表可从尧创 CAD 机械绘图软件中直接插入,且安置在图纸的右上角,该表中包括齿轮的主要参数及测量项目。原则上齿轮的啮合精度等级、齿厚极限偏差代号、齿坯形位公差等级应按齿轮运动及负载性质等因素,结合制造工艺水准决定。具体检测项目及数值的确定见[1]→【齿轮传动】→【渐开线圆柱齿轮传动】→【精度】,或者从软件设计齿轮传动中已得的相关数据取得。齿轮啮合特性表的格式见图 7.10。

7.3.2　齿轮零件图在计算机上的绘制

　　齿轮零件图在计算机上的绘制与轴零件图在计算机上的绘制基本相同,也是新建一个带有边框及标题栏文件后,将装配图中的齿轮复制后旋转 90°粘贴到新文件中,如图 7.9 所示。然后对该齿轮进行整理,如画上圆角、倒角。再画上局部视图以表达键槽形状、插入并填写特性表,标注尺寸、尺寸公差、形位公差、表面粗糙度、写上技术要求,填写标题栏中相关内容。最后得到如图 7.10 所示的齿轮零件图。

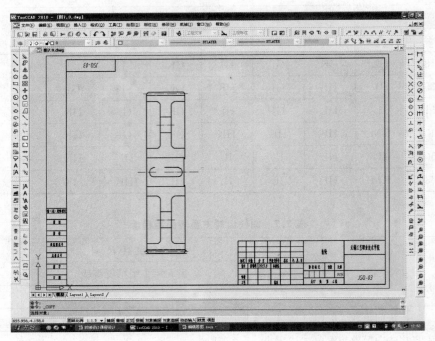

图 7.9

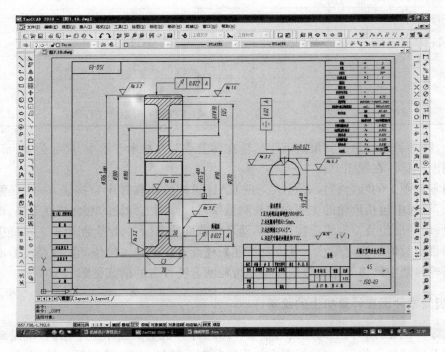

图 7.10

7.4　箱体零件图的设计与绘制

7.4.1　视图的安排

铸造箱体通常设计成剖分式,由箱座及箱盖组成。因此箱体零件图应按箱座、箱盖两个零件分别绘制。箱座、箱盖的外形及结构均比齿轮、轴等零件复杂。为了正确、完整地表明各部分的结构形状及尺寸,通常除采用三个主要视图外,还应根据结构、形状的需要增加一些必要的局部视图、向视图及局部放大图。

7.4.2　标注尺寸与形位公差

1. 标注尺寸

箱体的尺寸标注要比轴、齿轮复杂得多。标注时应注意以下几点:

1) 选好基准。最好采用加工基准作为标注尺寸的基准,这样便于加工和测量。如箱座和箱盖高度方向的尺寸最好以剖分面(加工基准面)或底面为基准,箱体长度方向的尺寸可取轴承座孔中心线为基准,箱体宽度方向尺寸应采用宽度对称中心线作为基准。基准选定后,各部分的相对位置和定位尺寸都从基准面标注。

2) 箱体尺寸可分为形状尺寸和定位尺寸。形状尺寸是箱体各部位形状大小的尺寸,如壁厚、圆角半径、箱的深度、箱体的长宽高、各种孔的直径和深度、螺纹孔的尺寸等,这类尺寸应直接标出。定位尺寸是确定箱体各部位相对于基准的位置尺寸,如孔的中心线、轴线的中心位置及其他有关部位的平面与基准的距离,对这类尺寸都应从基准(或辅助基准)直接标注。

3) 对于影响机械工作性能的尺寸(如箱体孔的中心距及其偏差)应直接标出,以保证加工正确性。

4) 配合尺寸都要标出其偏差。

5) 所有的圆角、倒角、拔模斜度等都必须标注或者在技术条件中说明。

6) 各基本形体部分的尺寸,在基本形体的定位尺寸标出后,其形状都应从自己的基准出发进行标注。

7) 标注尺寸时应避免出现封闭尺寸链。

2. 尺寸公差、形位公差及表面粗糙度

箱座与箱盖上应标注的尺寸公差可参考表 7.8,应标注的形位公差可参考表 7.9,箱体加工表面粗糙度的推荐值见表 7.10。

表 7.8　箱座与箱盖的尺寸公差

名　　　称	尺　寸　公　差　值	
箱座高度	h11	
两轴承孔外端面之间的距离 L	有尺寸链要求时	(1/2)IT11
	无尺寸链要求时	h14
箱体轴承座孔中心距偏差 ΔA_0	$\Delta A_0 = (0.7 \sim 0.8) f_a$	f_a 为中心距极限偏差

表 7.9　箱体形位公差推荐项目及数值

内容	项目	符号	推荐等级精度（或公差值）	对工作性能的影响
形状公差	轴承座孔圆柱度	符号	普通级轴承选 6～7 级	影响箱体与轴承的配合性能及对中心
	箱体剖分面的平面度	符号	7～8 级	
位置公差	轴承座孔的中心线对其箱面的垂直度	⊥	普通级轴承选 7 级	影响轴承固定及轴向受载的均匀性
	轴承座孔的中心线对对箱体剖分面在垂直平面上的位置度	⊕	公差值≤0.3 mm	影响镗孔精度和轴系装配，影响传动件的传动平衡性及载荷分布的均匀性
	轴承座孔中心线相互间的平行度	//	以轴承支点跨距代替齿轮宽度，根据轴线平行度公差数值查出	影响传动件的传动平稳性及载荷分布的均匀性
	圆锥齿轮减速器及蜗轮减速器的轴承孔中心线相互间的垂直度	⊥	根据齿轮和蜗轮精度确定	
	两轴承座孔中心线的同轴度	◎	7～8 级	影响减速器的装配及传动件载荷分布的均匀性

表 7.10　减速器箱体主要表面粗糙度值　　　　　单位：μm

加工表面	表面粗糙度值（R_a）
减速器剖分面	3.2～1.6
与普通精度滚动轴承配合的孔表面	1.6(孔≤80 mm),3.2(孔>80 mm)
轴承座外端面	6.3～3.2
减速器底面	12.5
油沟及窥视孔平面	12.5
螺栓孔及沉头座	12.5
圆锥销孔	3.2～1.6

3. 技术要求

减速器箱座、箱盖的技术要求可包括以下内容：

1）箱座铸成后应清砂，修毛刺，进行时效处理。

2）铸件不得有裂缝，结合面及轴承孔内表面应无蜂窝状孔，单个缩孔深度不得大于 3 mm，直径不得大于 5 mm，其位置距外缘不得超过 15 mm，全部缩孔面积应小于总面积的 5%。

3）轴承孔端面的缺陷尺寸不得大于加工表面的 15%，深度不得大于 2 mm，位置应在轴承盖的螺钉孔外面。

　　4) 装观察孔的支承面,其缺陷深度不得大于 1 mm,宽度不得大于支承面宽度的 1/3,总面积不大于加工面的 5%。

　　5) 与箱盖合箱后,分箱面边缘应对齐,每边错位不大于 2 mm。

　　6) 应检查与箱盖结合面的密封性,用 0.05 mm 塞尺塞入深度不大于结合面宽度的 1/3,用涂色法检查接触面积达每平方厘米一个接触斑点。

　　7) 剖分面上的定位销孔加工时,应将箱盖、箱座合起来进行配钻、配铰。

　　8) 与箱盖连接后,打上定位销进行镗孔,镗孔时结合面处禁放任何衬垫。

　　9) 未注公差尺寸的公差按 GB/T1804 - 2000¯ m。

　　10) 加工后应清除污垢,内表面涂漆,不得漏油。

　　11) 形位公差中不能用符号表示的要求,如轴承座孔轴线间的平行度、偏斜度等。

　　12) 铸件的圆角及斜度。

　　以上要求不必全部列出,可视具体设计列出其中重要项目即可,如图 7.6。

7.4.3　箱体零件图的绘制

　　在计算机上绘制箱体零件图的方法,可按本章 7.1 节中所述的方法进行。

7.5　减速器中其他零件图的设计与绘制

　　减速器中除了箱座、齿轮、轴等这些非标准件外,还有如轴承端盖、挡油环等一些非标准件。为了将这些非标准件加工出来,也应当绘制其零件图。这些零件图在计算机上的绘制方法除了与前面所述的箱座、齿轮等有相同的地方外,它们还有一些不同的地方。由于这些非标准件品种较多,所以尺寸公差、形位公差、粗糙度的标注除了与上面所述相同的地方可以参考外,不同的地方可以用在《机械制造基础》课中所学的公差与配合中的知识,然后查阅 [1]→【零部件设计基础标准】→【公差与配合】、[1]→【零部件设计基础标准】→【形状与位置公差】、[1]→【零部件设计基础标准】→【表面粗糙度】进行标注。下面以零件序号为 1 的低速轴轴承端盖和零件序号为 7 的低速轴轴承透盖为例,叙述这些零件的绘制。

　　从图 7.11 减速器俯视图来看,零件序号为 1 的端盖和零件序号为 7 的透盖形状基本一样,尺寸基本一致。所不同的是序号为 7 的透盖里面装有密封圈,并且装密封圈处端盖的厚度比零件序号为 1 的端盖相应处的厚度大。同样零件序号为 13 的高速轴轴承端盖与零件序号为 17 的高速轴轴承透盖形状也基本一样,尺寸也基本一致。利用它们之间这些相同之处来绘制其各自的零件图,会极大地提高绘图效率。

　　如预先采用 GBA4 幅面图纸按 1∶1 的比例,采用与前面绘制零件图类似的方法绘制好零件序号端盖的零件图并单独保存后,再将它另存为一个新的文件,如图 7.12 所示。为了绘图方便,把绘图软件中的 DIM(尺寸线)层、Hatch(剖面线)层、Text(文本)层关掉,得到如图 7.13 所示的图形。这时将装密封圈处端盖的厚度加大到设计的要求,并把图 7.11 中低速轴处的密封圈通过剪切板,粘贴到该厚度的适当位置,并作整理画出密封圈的沟槽。然后打开关掉的图层,再稍作整理(包括标题栏中的内容),就很方便地得到图 7.14 所示零件序号为 7 的透盖零件图。

在同一机械设计中,有好多像端盖、透盖这样的相似非标准零件,利用其相似性可以大大提高绘图的效率。

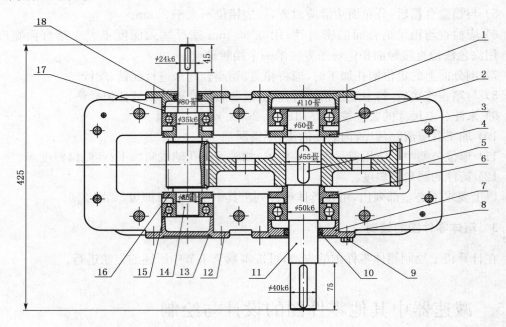

图 7.11

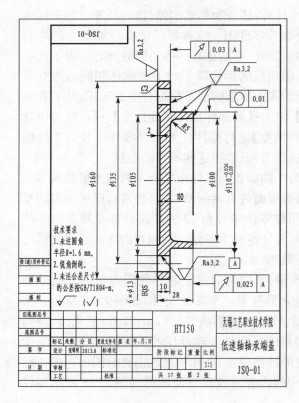

图 7.12

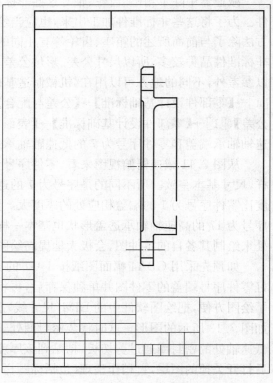

图 7.13

7.6 简易螺旋装置中零件图的 绘制

简易螺旋装置中零件图的绘制与减速器中零件图绘制的方法是一样的。但随着零件的不同,其视图的数量、表达的方法相差较大。其尺寸公差、形位公差、表面粗糙度、技术要求等各不相同。因此视图的表达方式具体情况应具体对待,其内容的标注可以根据《机械制造基础》课中所学的公差与配合知识或查阅相关的资料并参考类似的零件图进行。如简易螺旋装置中的螺杆在零件图一般要画出局部牙型的工作图。图中标注大径、中径、小径公差,单个螺距公差,牙型半角公差及表面粗糙度等,这些数值可从《梯形螺纹标准手册》中查取。而螺杆其他部分如粗糙度、跳动等相关数据则根据《机械制造基础》课中所学的知识得到。图 7.15 为图 6.25 螺旋千斤顶中螺杆的零件图。

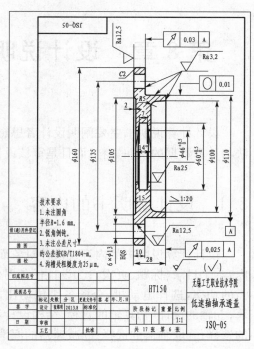

图 7.14

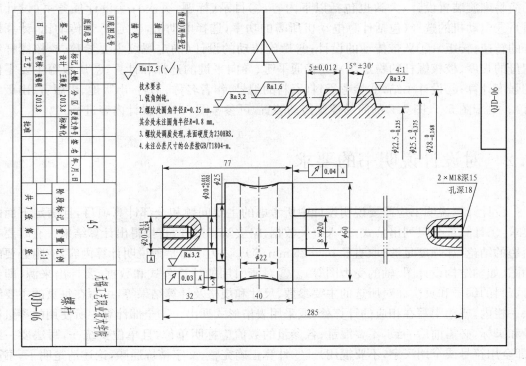

图 7.15

第 8 章　设计说明书的编写及答辩准备

设计计算说明书主要阐明设计者思想,是全部设计计算的整理和总结,也是设计计算方法与计算数据的说明资料,而且是审核设计的技术文件之一。

8.1　设计说明书的内容

设计计算说明书的内容视设计对象而定,对于有减速器的传动装置设计,大致包括以下内容:①目录(标题、页次);②设计任务书(设计题目);③电动机的选择(包括计算电动机所需的功率,选择电动机,分配各级传动比,计算各轴的转速、功率和转矩);④传动零件的计算;⑤轴的设计(初算轴的直径、结构设计和强度校核);⑥键联接的选择和计算;⑦滚动轴承的选择;⑧联轴器的选择;⑨减速器的润滑与密封;⑩设计小结;⑪参考资料(资料的编号、作者名称、书名、出版地、出版者、出版年月)。从图 5.1、图 5.2 与图 5.3 中可知,对于简易螺旋装置设计,随着其设计要求的不同,则有较大的差别。对于图 5.3 有电动机和 V 带传动的简易螺旋装置设计,大致也包括以下内容:①目录(标题、页次);②设计任务书(设计题目);③电动机的选择(包括计算电动机所需的功率,选择电动机,确定 V 带传动比,计算螺杆的转速、转矩);④V 带传动的设计;⑤螺旋传动的设计(确定螺纹主要参数、校核螺杆和螺母的强度、校核螺杆的稳定性);⑥普通平键、导向平键的选择和计算;⑦压板等主要零件的强度计算;⑧设计小结;⑨参考资料(资料的编号、作者名称、书名、出版地、出版者、出版年月)。对于图 5.1、图 5.2 的简易螺旋传动装置,可参考图 5.3 的设计内容进行。

8.2　对设计说明书的要求

设计计算说明书应简要说明设计中所考虑的主要问题和全部计算项目,且满足下面的要求:①计算部分只列出公式,代入有关数据,略去演算过程,直接得出计算结果。有时要有简短的结论(如强度足够、取直径 $d = 25\,\mathrm{mm}$ 等)。②为了清楚地说明计算内容,应附必要的插图(如轴结构设计图、轴的受力图等)。③对所引用的计算公式和数据,要标出来源,即参考资料的编号和页次。对所选的主要参数、尺寸和规格及计算结果等,可写在每页的主要结果一栏内,或集中写在相应的计算处,或采用表格形式列出。④全部计算中所使用的参量符号和脚标,必需前后一致,不要混乱;各参量的数值应标明单位,且单位要统一,写法要一致(即全用符号或全用汉字,不要混用)。⑤计算正确完整、文字精炼通顺,论述清楚明了,书写字号、字体相应处一致,插图大小合适、简明。

8.3　设计说明书的模板及相关处理

由于减速器或简易螺旋装置的设计计算均在计算机上完成的,所以编写设计说明书也可在计算机上完成。为此设计说明书纸张可选用 A4 号纸,页面设置上下边距各为 2 cm、左右边距各为 2.5 cm。设计计算说明书的封面格式,字体和字体的大小参考图 8.1,图 8.2 为其示例。

为了方便与统一起见,在计算机书写文字的软件(如 Word)中建立一个图 8.3 所示的模板。左面一个比较宽的栏中填写计算与说明的内容,右面一个较窄的栏写一些计算的主要结果,以便一目了然地查取主要数据,为设计等带来方便,图 8.4 为其示例。

建立图 8.3 所示模板的目的是希望在填写设计计算说明书时,将设计计算中较多的部分单独以一个文件保存。如齿轮传动的设计、轴的设计可以用两个不同名的文件进行保存。但要注意到页码编号的连接。由于机械设计基础课程设计说明书中的图形较多,图形移动、编辑时会发生错乱,所以这样使它相对的独立,是会带来好处的。

但设计说明书的第一页,则不应与图 8.3 的模板完全一样。而应在该模板的基础上改动一下,如图 8.5 所示。其中的设计题目可用四号宋体加粗,其字体一律采用 5 号宋体书写,图 8.6 为其示例。这样就使得设计计算说明书的布局比较合理。同理在设计小结,参考资料这两部分也可参考它来进行。

图 8.1

校　　　名（小一华文楷体）

机械设计基础课程设计
（小初黑体）

课题名称（小二宋体加粗）XXXX 小二华文楷体
专　　业（小二宋体加粗）XXXX 小二华文楷体
班　　级（小二宋体加粗）XXXX 小二华文楷体
学　　号（小二宋体加粗）XXXX 小二华文楷体
姓　　名（小二宋体加粗）XXXX 小二华文楷体
设计日期（小二宋体加粗）XXXX 小二华文楷体
指导教师（小二宋体加粗）XXXX 小二华文楷体
教研室主任（小二宋体加粗）XXXX 小二华文楷体

设计说明书编写完成日期（小二宋体加粗）

图 8.2

无锡工艺职业技术学院

机械设计基础课程设计

课题名称　　带式输送机传动装置
专　　业　　机电一体化技术
班　　级　　机电 061
姓　　名　　徐士成
学　　号　　200611117
设计时间　　2007.12.17～12.28
指导教师　　张鹤明
教研室主任　　周明康

二〇〇七 年 十二 月 二十八 日

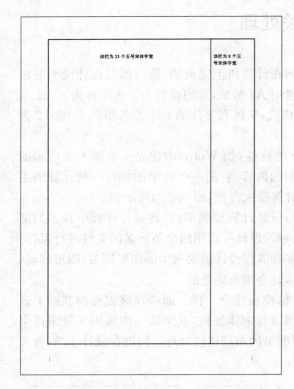

图 8.3

→【Y 系列(IP44)三相异步电动机技术】→【机座带底脚、端盖上无凸缘的电动机】，并根据机座号 112M 查得电动机伸出端直径 D=28mm，电动机伸出端轴安装长度 E=60mm，Y112M-4 电动机，主要数据如下：

电动机额定功率 P	4 kW
电动机满载转速 n	1440 r/min
电动机伸出端直径 D	28 mm
电动机伸出端轴安装长度 E	60 mm

1.2 总传动比计算及传动比分配

1. 总传动比计算

据p6式(2.7)得驱动滚筒转速n_w:

$$n_w = \frac{60000v}{\pi D} = \frac{60000 \times 1.6}{3.14 \times 300} = 101.91 \text{r/min}$$

由p6式(2.6)得总传动比 $i_1 = \dfrac{n}{n_w} = \dfrac{1440}{101.91} = 14.13$

2. 传动比的分配

为了使传动系统结构较为紧凑，据p7所述，取齿轮传动比$i_2=5$

则由p7式(2.9)中$i=i_1 i_2$得V带的传动比：$i_1 = \dfrac{i}{i_2} = \dfrac{14.13}{5} = 2.83$

1.3 传动装置运动参数的计算

1. 各轴功率的确定

取电动机的额定功率作为设计功率，则V带传递的功率为：P=4kW

由p8式(2.11)与式(2.12)得：

高速轴的输入功率$P_1=P\eta_1=4\times0.96=3.84$kW　　　$P_1=3.84$kW

低速轴的输入功率$P_2=P\eta_1\eta_2\eta_3=4\times0.96\times0.99\times0.97=3.69$kW　　　$P_2=3.69$kW

2. 各轴转速的计算

由p8式(2.13)与式(2.14)得：

高速轴转速 $n_1 = \dfrac{n}{i_1} = \dfrac{1440}{2.83} = 508.8 \text{r/min}$　　　$n_1=508.8$r/min

低速轴转速 $n_2 = \dfrac{n_1}{i_2} = \dfrac{508.8}{5} = 101.8 \text{r/min}$　　　$n_2=101.8$r/min

3. 各轴输入转矩的计算

据由p8式(2.15)与式(2.16)得：

高速转矩 $T_1 = 9550\dfrac{P_1}{n_1} = 9550\times\dfrac{3.84}{508.8} = 72.08 \text{N·m}$　　　$T_1=72.08$N·m

低速转矩 $T_2 = 9550\dfrac{P_2}{n_2} = 9550\times\dfrac{3.69}{101.8} = 346.16 \text{N·m}$　　　$T_2=346.16$N·m

图 8.4

为了使设计计算说明书内容清晰、完整，在填写内容时要用到在绘图软件中绘制的部分图形。如果将这些图形直接从绘图软件中复制过去，则会破坏设计计算说明书原有的格式。为了避免这种情况，可将在 CAD 中已绘好图形的线条、剖面线等转换成白颜色后复制到计算机操作系统自带的"画图"软件的"画图板"中。但这时往往会在画图板中出现白线条，黑底色的图形。这与设计说明书中需要黑线条、白底色的情况相反，这显然是不合理的。为此可同时按"Ctrl"、"Shift"和"I"键，将图形转换成黑线条，白底色。这时再将画图板中的图形框选好后复制到图 8.3 所示的设计说明书格式中去，如图 8.7 所示。但由于所复制进去的图形相对太大，这时把右面的一栏破坏得变窄了，这显然是不合理的。为此可选中图 8.7 中的图形，点击出现的【绘图工具】→【大小】，得到图 8.8 所示的"设置对象格式"对话框。在该对话框中，将其中的宽度比例、长度比例改为同一、小于 100% 的值（如 80%），点击【确定】后得到所需的右栏中大小合适的图形，如图 8.9 所示。如果所改的比例一次不成功，则可多进行几次，直到满意为止。

设计计算说明书

该处书写设计题目("设计题目"四个字用四号宋体加粗)
内容字体为五号宋体

计　算　与　说　明(小四号宋体)	主要结果
计算与说明中一级标题可用四号宋体加粗书写,二级标题用五号宋体加粗,其余内容的格式为五号宋体。	(字的格式为五号宋体)

图 8.5

设计计算说明书

设计题目: 带式输送机传动装置
原始数据: 输送带拉力 $F=2kN$,输送带速度 $v=1.6m/s$,驱动滚筒直径 $D=300m$。
说明:(1)带式输送机运送碎粒物料,(如容物、型砂、煤等);(2)连续工作,单向运转,载荷稳定;(3)输送带驱动滚筒效率取 0.97;(4)使用期限十年,两班制工作;(5)减速器由一般厂小批量生产。

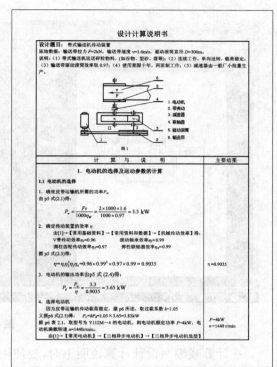

1. 电动机
2. 带传动
3. 减速器
4. 联轴器
5. 驱动滚筒
6. 输送带

图 1

计　算　与　说　明	主要结果
1. 电动机的选择及运动参数的计算	

1.1 电动机的选择

1. 确定皮带运输机所需的功率 P_w。
由 p5 式(2.1)得:
$$P_w = \frac{Fv}{1000\eta_w} = \frac{2\times1000\times1.6}{1000\times0.97} = 3.3 \text{ kW}$$

2. 确定传动装置的效率 η
　由[1]→【常用基础资料】→【常用资料和数据】→【机械传动效率】得:
　V带传动效率 $\eta_1=0.96$　　滚动轴承效率 $\eta_2=0.99$
　圆柱齿轮传动效率 $\eta_3=0.97$　弹性联轴器效率 $\eta_4=0.99$
据 p5 式(2.3)得:
$\eta = \eta_1\eta_2^2\eta_3\eta_4 = 0.96\times0.99^2\times0.97\times0.99 = 0.9035$

$\eta = 0.9035$

3. 电动机的输出功率由 p5 式(2.4)得:
$$P_d = \frac{P_w}{\eta} = \frac{3.3}{0.9035} = 3.65 \text{ kW}$$

4. 选择电动机
因为皮带运输机传动载荷稳定,据 p6 所述,取过载系数 $k=1.05$
又据 p6 式(2.5)得: $P_{ed}=kP_d=1.05\times3.65=3.83kW$
据 p6 表 2.1,取型号为 Y112M—4 的电动机,则电动机额定功率 $P=4kW$,电动机满载转速 $n=1440r/min$。
由[1]→【常用电动机】→【三相异步电动机】→【三相异步电动机选型】

$P=4kW$
$n=1440 \text{ r/min}$

图 8.6

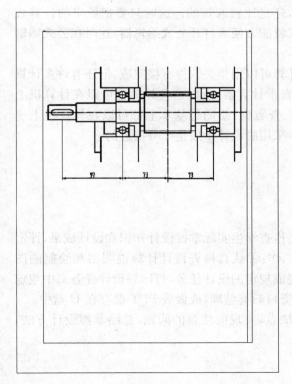

图 8.7

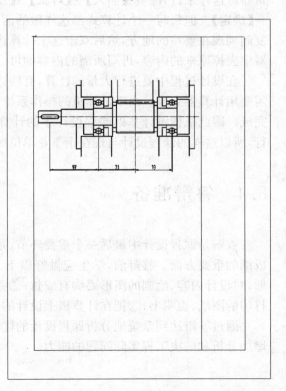

图 8.8

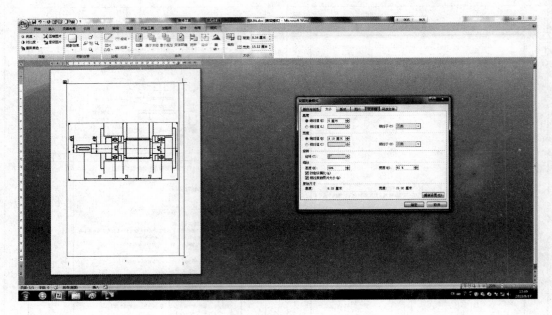

图 8.9

在计算或编写设计计算说明书时,要使用大量的计算式。这时可打开书写文件软件中的公式编辑器,然后将公式、数据、结果填写进去。如果所用是 Word 2007 软件,则公式编辑器可这样来打开。从【插入】→【对象】→【新建(C)】→【对象类型】→【Microsoft 公式 3.0】→【确定】。但每写一个计算式都这样做的话,还是比较麻烦的。这时只要把原来的计算式复制到现在要写的地方,然后双击这个计算式就能方便地打开公式编辑器,这时在公式编辑器中去掉原来的内容,再写所需的内容即可。

在设计过程中要进行大量的计算,有些计算可以用相关软件直接完成,但还有许多计算需要用计算器完成。由于计算机的操作系统自带计算器,所以这些计算也可以在计算机上完成。因此机械设计基础课程设计中的计算、查数据、绘图等基本上都可以在计算机上进行,所以这样的课程设计与现在企事业单位所采用的设计手段是十分接近的。

8.4　答辩准备

答辩是课程设计中最后一个重要环节,是检查学生实际掌握设计知识和设计成果,评定成绩的重要方面。答辩前,学生应做好以下工作:①认真检查设计计算说明书和绘制的图形,对设计内容、绘制的图形要胸有成竹;②完成规定的设计任务,打印好设计任务书中规定打印的图纸、说明书;③把在计算机上设计的资料归类整理,或做成 PPT 保存在 U 盘中。

通过答辩达到系统地分析课程设计的优缺点,发现应注意的问题,总结掌握设计方法,增加分析和解决工程实际问题的能力。

附录1 减速器参考图例

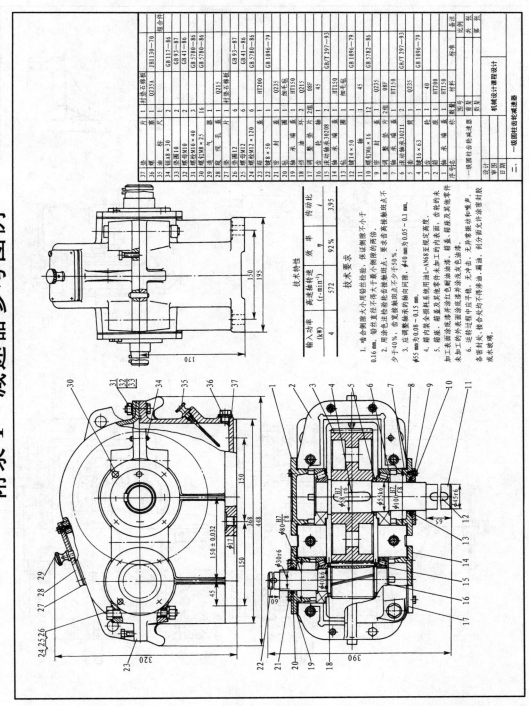

序号	名称	数量	材料	标准	备注
37	垫片	1	衬垫石棉板		
36	油标	1	Q235A	JB1130—70	组合件
35	销A8×30	2		GB117—86	
34	油圈10	2		GB93—87	
33	螺母M10	2		GB41—86	
32	螺钉M10×40	3		GB5780—86	
31	螺栓M8×25	16		GB5780—86	
30	气孔塞	1			
29	视孔盖	1	Q215		
28	垫片	1	衬垫石棉板		
27	油圈12	6		GB93—87	
26	螺母M12	6		GB41—86	
25	螺栓M12×120	6		GB5780—86	
24	箱盖	1	HT200		
23	螺钉8×50	2	Q235		
21	封油盖	1	细毛毡		
20	毡封圈	1	Q215		
19	端盖	1	08F		
18	调整垫片	2组	08F		
17	挡油盘	2	45		
16	滚动轴承30208	2		GB/T297—93	
15	齿轮轴	1	45		
14	端盖	1	HT150		
13	键14×50	1	45		
12	键14×50	1			
11	毡封圈	1	细毛毡		
10	螺钉M6×16	12		GB1096—79	
9	调整垫片	2组	08F		
8	端盖	1	HT150		
7	滚动轴承30211	2		GB/T297—93	
6	套筒	1	Q235		
4	齿轮	1	40		
3	键16×63	1		GB1096—79	
2	箱座	1	HT200		
1	轴承端盖	1	HT150		

技术特性		
输入功率 (kW)	高速轴转速 (r·min⁻¹)	效率 η
4	572	92%

	传动比 i
	3.95

技术要求

1. 啮合侧隙大小用铅丝检查，保证侧隙不小于0.16 mm，铅丝直径不得大于最小侧隙的两倍。
2. 用涂色法检验齿轮齿面按触斑点，要求齿高接触斑点不少于40%，齿宽接触斑点不少于50%。
3. 应调整轴承的轴向间隙，φ40 mm为0.05～0.1 mm，φ55 mm为0.08～0.15 mm。
4. 箱内装全损耗系统用油L—AN68至规定高度。
5. 加工表面不涂漆，箱盖、箱座及其他零件的内表面，加工后表面涂红色耐油油漆。箱座、箱盖及其他零件的外表面涂底漆并涂浅灰色油漆。
6. 运转过程中应平稳，无冲击、无振动和噪声。各密封处、接合面处均不得漏油、渗油，分合面允许涂密封胶或水玻璃。

			比例		
			数量	共 张	
一级圆柱齿轮减速器			重量	第 张	
设计					
审图		机械设计课程设计			
日期		一级圆柱齿轮减速器			
二、					

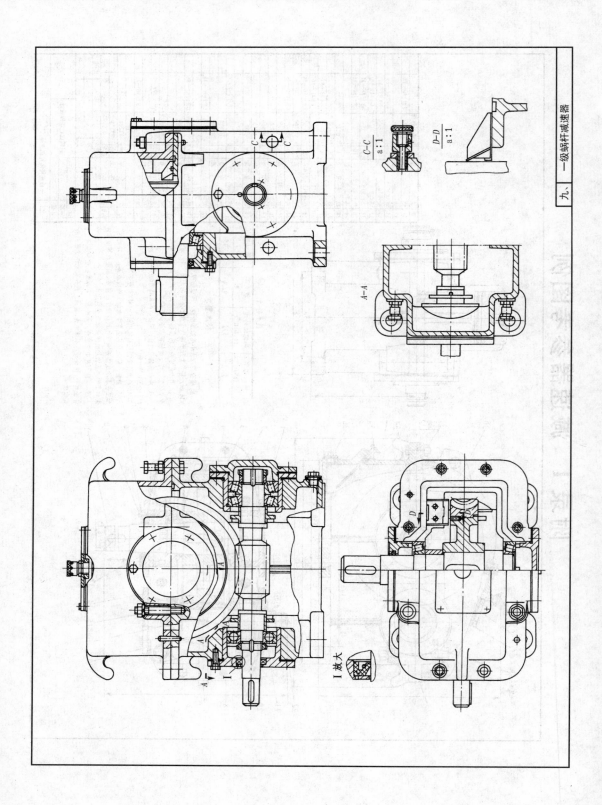

附录2 课程设计题目

题目一 带式输送机传动装置

设计参数	设计方案							
	1	2	3	4	5	6	7	8
输送带拉力 F(kN)	1.25	1.7	1.8	1.8	2.2	2.5	3.0	3.0
输送带速度 v(m/s)	1.3	1.3	1.2	1.5	1.6	1.5	1.2	1.5
滚筒直径 D(mm)	250	260	220	300	350	450	350	400
设计参数	设计方案							
	9	10	11	12	13	14	15	16
输送带拉力 F(kN)	2.9	1.5	1.8	2.0	1.8	2.2	2.6	3.0
输送带速度 v(mm)	1.4	1.3	1.5	1.1	1.3	1.6	1.6	1.5
滚筒直径 D(mm)	400	300	350	200	200	450	400	300

说明:(1)带式输送机运送碎粒物料(如谷物、型砂、煤等)。(2)连续工作,单向运转,载荷稳定。(3)输送带滚筒效率取 0.97。(4)使用期限 10 年,两班制工作。(5)减速器由一般厂中小批量生产。

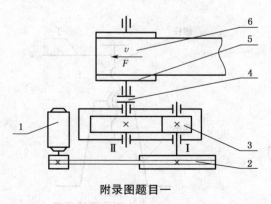

附录图题目一

1. 电动机;2. 带传动;3. 减速器;
4. 联轴器;5. 驱动滚筒;6. 输送带

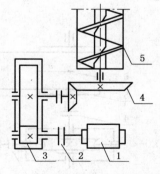

附录图题目二

1. 电动机;2. 联轴器;3. 单级圆柱齿轮减速器;
4. 圆锥齿轮传动;5. 螺旋输送机

题目二　螺旋输送机传动装置

设 计 参 数	设 计 方 案			
	1	2	3	4
输送机工作轴转矩 $T(\text{N}\cdot\text{m})$	80	95	100	150
输送机工作轴转速 $n_w(\text{r/min})$	180	150	170	115

工作条件：

（1）螺旋输送机运送粉状物料（如面粉、灰、砂、糖、谷物），运转方向不变，工作载荷稳定。

（2）使用寿命 8 年，单班制工作。（3）减速器由一般厂中小批量生产。

题目三　带式输送机传动装置

设 计 参 数	设 计 方 案							
	1	2	3	4	5	6	7	8
输送带拉力 $F(\text{kN})$	2	2.5	3	2.8	3.2	2.6	1.5	2.2
输送带速度 $v(\text{m/s})$	1	0.7	0.6	0.8	0.75	0.6	1.1	0.5
滚筒直径 $D(\text{mm})$	315	300	280	335	315	320	330	280

说明：（1）带式输送机运送碎粒物料，（如谷物、型砂、煤等）；（2）连续工作，单向运转，载荷稳定；（3）输送带滚筒效率取 0.97；（4）使用期限 8 年，两班制工作；（5）减速器由一般厂中小批量生产。

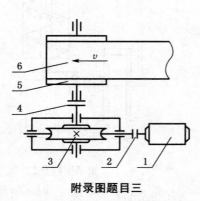

附录图题目三

1. 电动机；2. 联轴器；3. 蜗杆减速器；
4. 联轴器；5. 滚筒；6. 输送带

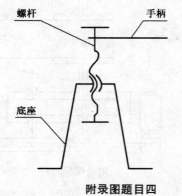

附录图题目四

题目四　螺旋千斤顶

设 计 参 数	设　计　方　案					
	1	2	3	4	5	6
最大起重量 F(N)	10 000	15 000	20 000	25 000	30 000	40 000
最大升距 l(mm)	220	200	250	160	200	180

说明:间歇工作,可用于比较狭窄的工作场地,由一般厂小批量生产。

题目五　螺旋压力机

设 计 参 数	设　计　方　案					
	1	2	3	4	5	6
最大压力 F(N)	10 000	15 000	2 000	25 000	3 000	40 000
最大升距 h_{max}(mm)	110	120	130	150	180	220
立柱间距离 L(mm)	160	180	200	230	250	300

说明:间歇工作,可用于比较狭窄的工作场地,由一般厂小批量生产。

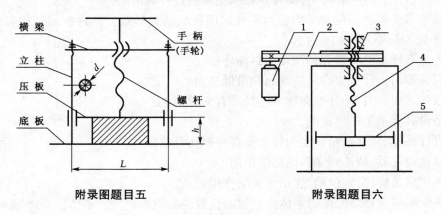

附录图题目五　　　　　　　　附录图题目六

题目六　机动螺旋压力机

设 计 参 数	设　计　方　案					
	1	2	3	4	5	6
最大压力 F(N)	40 000	50 000	60 000	70 000	80 000	90 000
最大升距 h_{max}(mm)	450	400	500	350	380	430
移动速度 v(m/s)	0.2	0.1	0.15	0.25	0.1	0.08

说明:螺杆上下移动通过行程开关控制电动机正反转实现,由一般厂小批量生产。

附录3 答辩参考题

1. 工作机所需的功率,所需的电动机功率及电动机的额定功率有何区别? 在设计中用哪种功率作为计算功率?

2. 不同同步转速的电动机对传动方案、结构尺寸及经济性有何影响?

3. 为什么各级传动比不能过大? 否则会对减速器的设计产生什么影响? 轴的结构设计中应重点考虑哪些问题? 阶梯轴各段的直径和长度是如何确定的?

4. 减速器滚动轴承的间隙调整是如何进行的?

5. 如何考虑蜗杆轴系热伸长所需间隙的保证和调整?

6. 剖分式减速箱体上的轴承孔是如何进行加工的? 定位销有什么作用? 箱体上为什么要加筋? 为什么要设凸台?

7. 试比较嵌入式端盖和凸缘式端盖的优缺点?

8. 为什么要对减速器中的传动零件进行润滑?

9. 你所设计的减速器中的传动件及轴承是如何进行润滑的?

10. 减速器中哪些部位要考虑密封? 各采用什么密封形式? 各种密封结构有何特点? 箱体接合面处为何不允许加垫片?

11. 为什么轴承处要设有挡油环或封油环?

12. 减速器内为什么要有最高油面和最低油面的限定?

13. 设计减速器时,为什么在轴承座处要有支撑肋板?

14. 凸台高度是怎样确定的?

15. 设计减速器时,在箱盖上为什么要有窥视孔及盖板?

16. 试述通气器、放油螺塞和油标的作用?

17. 试述启盖螺钉、定位销、起吊装置的作用?

18. 在绘制减速器装配图时箱体内壁线的位置是如何确定的? 箱体接合面轴承孔长度 L 又如何确定?

19. 减速器装配图上应标注哪些尺寸和技术要求?

20. 齿轮零件图上,为什么必须填写参数表?

21. 对轴承、联轴器的选型是如何考虑的?

22. 如何在计算机上进行开三次方计算?

23. 在计算机上用软件进行齿轮传动设计时,小齿轮齿数是计算机自动生成的,还是人工输入的?

24. 在计算机上绘制减速器装配图时,绘图比例是一开始就设定的吗?

25. 齿轮传动、V带传动的效率是如何在机械设计手册(新编软件版)2008 中查取的?

26. 在设计减速器时,能否先将齿轮、轴、箱座、箱盖等零件图画好后,再根据它们的尺寸绘制减速器装配图？为什么？

27. 怎样处理后，才能将图片放入设计计算说明书中？

28. 由于零件图中的零件是从总装配图中复制过去的，那两者的绘图比例一定要相同吗？

29. 请问在你设计简易螺旋装置中，螺杆和螺母分别用的是什么材料？能否把它们对换一下？为什么？

30. 对于一般的传力螺旋，其主要失效形式有哪些？

31. 试述螺旋传动设计的内容和一般步骤？

32. 在对螺纹牙的强度校核时，校核的是螺杆、螺母还是两者的螺纹牙的强度？为什么？

33. 为什么要对简易螺旋装置中的螺杆进行稳定性校核？

34. 设计千斤顶时，为什么螺杆的顶部要比托杯高一些，并放入挡圈与螺钉？

35. 你设计的千斤顶，在螺杆与托杯间有没有放入轴向接触滚动轴承？为什么？

36. 手柄的直径与长度怎样来确定的？当设计的手柄长度达 1 000 mm 时，你认为合理吗？如果不合理请分析其原因，并提出改进的办法？

37. 你是怎样来选择机动螺旋压力机中电动机的型号的？

38. 你是如何选择机动螺旋压力机中机架的材料与结构的？

39. 为什么在螺旋千斤顶装配图中，用双点划线画出了托杯？

40. 你绘制的螺杆是放在多大的图幅中的？标注尺寸的方向是否符合国家机械制图的标准？

附录4 减速器与螺旋千斤顶设计示例

附录4.1 圆柱齿轮减速器设计示例

设计计算说明书

设计题目:带式输送机传动装置

原始数据:输送带拉力 $F = 2\,\text{kN}$,输送带速度 $v = 1.6\,\text{m/s}$,驱动滚筒直径 $D = 300\,\text{mm}$。

说明:①带式输送机运送碎粒物料(如谷物、型砂、煤等);②连续工作,单向运转,载荷稳定;③输送带驱动滚筒效率取 0.97;④使用期限 10 年,两班制工作;⑤减速器由一般厂小批量生产。

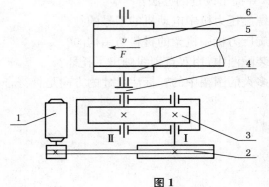

1. 电动机
2. 带传动
3. 减速器
4. 联轴器
5. 驱动滚筒
6. 输送带

图 1

计 算 与 说 明	主要结果

1 电动机的选择及运动参数的计算

1.1 电动机的选择

1. 确定皮带运输机所需的功率 P_w

由 P6 式(2.1)得:

$$P_w = \frac{Fv}{1\,000\,\eta_w} = \frac{2 \times 1\,000 \times 1.6}{1\,000 \times 0.97} = 3.3\,\text{kW}$$

2. 确定传动装置的效率 η

由[1]→【常用基础资料】→【常用资料和数据】→【机械传动效率】得:

V 带传动效率 $\eta_1 = 0.96$ 滚动轴承效率 $\eta_2 = 0.99$

圆柱齿轮传动效率 $\eta_3 = 0.97$ 弹性联轴器效率 $\eta_4 = 0.99$

据 P6 式(2.3)得:

$$\eta = \eta_1 \eta_2^2 \eta_3 \eta_4 = 0.96 \times 0.99^2 \times 0.97 \times 0.99 = 0.903\,5$$

主要结果:$\eta = 0.903\,5$

3. 电动机的输出功率

由 P7 式(2.4)得：

$$P_d = \frac{P_w}{\eta} = \frac{3.3}{0.9035} = 3.65 \text{ kW}$$

4. 选择电动机

因为皮带运输机传动载荷稳定，据 P7 所述，取过载系数 $k = 1.05$，又据 P7 式(2.5)得：

$$P_c = kP_d = 1.05 \times 3.65 = 3.83 \text{ kW}$$

据 P8 表 2.1，取型号为 Y112M-4 的电动机，则电动机额定功率 $P = 4$ kW，电动机满载转速 $n = 1\,440$ r/min。

由[1]→【常用电动机】→【三相异步电动机】→【三相异步电动机选型】→【Y 系列(IP44)三相异步电动机技术】→【机座带底脚、端盖上无凸缘的电动机】，并根据机座号 112M 查得电动机伸出端直径 $D = 28$ mm，电动机伸出端轴安装长度 $E = 60$ mm。

Y112M-4 电动机，主要数据如下：

电动机额定功率 P	4 kW
电动机满载转速 n	1 440 r/min
电动机伸出端直径 D	28 mm
电动机伸出端轴安装长度 E	60 mm

1.2　总传动比计算及传动比分配

1. 总传动比计算

据 P8 式(2.7)得驱动滚筒转速 n_w：

$$n_w = \frac{60\,000v}{\pi D} = \frac{60\,000 \times 1.6}{3.14 \times 300} = 101.91 \text{ r/min}$$

由 P8 式(2.6)得总传动比 i：

$$i = \frac{n}{n_w} = \frac{1\,440}{101.91} = 14.13$$

2. 传动比的分配

为了使传动系统结构较为紧凑，据 P9 所述，取齿轮传动比 $i_2 = 5$，则由 P9 式(2.9)中 $i = i_1 i_2$，得 V 带的传动比 i_1：

$$i_1 = \frac{i}{i_2} = \frac{14.13}{5} = 2.83$$

1.3　传动装置运动参数的计算

1. 各轴功率的确定

取电动机的额定功率作为设计功率，则 V 带传递的功率为：

$$P = 4 \text{ kW}$$

右栏注：

Y112M-4
$P = 4$ kW
$n = 1\,440$ r/min

由 P10 式(2.11)与式(2.12)得：

高速轴的输入功率　$P_I = P\eta_1 = 4 \times 0.96 = 3.84\,\text{kW}$

低速轴的输入功率

$$P_{II} = P\eta_1\eta_2\eta_3 = 4 \times 0.96 \times 0.99 \times 0.97 = 3.69\,\text{kW}$$

$P_I = 3.84\,\text{kW}$

$P_{II} = 3.69\,\text{kW}$

2. 各轴转速的计算

由 P10 式(2.13)与 P11 式(2.14)得：

高速轴转速　$n_I = \dfrac{n}{i_1} = \dfrac{1\,440}{2.83} = 508.8\,\text{r/min}$

$n_I = 508.8\,\text{r/min}$

低速轴转速　$n_{II} = \dfrac{n_I}{i_2} = \dfrac{508.8}{5} = 101.8\,\text{r/min}$

$n_{II} = 101.8\,\text{r/min}$

3. 各轴输入转矩的计算

据由 P11 式(2.15)与式(2.16)得：

高速转矩：$T_I = 9\,550\dfrac{P_I}{n_I} = 9\,550 \times \dfrac{3.84}{508.8} = 72.08\,\text{N·m}$

$T_I = 72.08\,\text{N·m}$

低速转矩：$T_{II} = 9550\dfrac{P_{II}}{n_{II}} = 9550 \times \dfrac{3.69}{101.8} = 346.16\,\text{N·m}$

$T_{II} = 346.16\,\text{N·m}$

各轴功率、转速、转矩列于下表：

轴　名	功率(kW)	转速(r/min)	转矩(N·m)
高速轴	3.84	508.8	72.08
低速轴	3.69	101.8	346.16

2　V 带传动设计

使用[1]→【常用设计计算程序】→【带传动设计】的设计软件进行设计时,输入 V 带传动的功率 4 kW,小带轮转速 1 440 r/min,传动比 2.83,初定中心距 1 000 mm,便得到以下的 V 带传动设计结果：

带型：A 型

小带轮基准直径　$d_{d1} = 100\,\text{mm}$

大带轮基准直径　$d_{d2} = 275\,\text{mm}$

带的基准长度　$L_d = 2\,500\,\text{mm}$

实际轴间距　$a = 950\,\text{mm}$

带速　$v = 7.54\,\text{m/s}$　　$5\,\text{m/s} < v < 25\,\text{m/s}$(合适)

小带轮包角　$\alpha_1 = 169.47° > 120°$(合适)

V 带根数　$z = 3$

单根 V 带的预紧力　$F_0 = 157\,\text{N}$

作用在轴上的力　$F_Q = 935\,\text{N}$

A 型

$d_{d1} = 100\,\text{mm}$

$d_{d2} = 275\,\text{mm}$

$L_d = 2\,500\,\text{mm}$

$a = 950\,\text{mm}$

$z = 3$

$F_Q = 935\,\text{N}$

3　齿轮传动设计

使用[1]→【常用设计计算程序】→【渐开线圆柱齿轮传动设计】的设计软件进行设计。设计时输入齿轮传递的功率 3.84 kW，小齿轮转速 508.8 r/min，传动比 5，预期寿命（$10 \times 300 \times 2 \times 8 = 48\,000$ h），选小齿轮 45 号钢调质，大齿轮 45 号钢正火等相关数据后，得到以下经整理的渐开线圆柱齿轮传动设计报告：

齿轮 1 材料及热处理　$Met_1 = 45\langle调质\rangle$	小齿轮 45 号钢调质，230HBS
齿轮 1 硬度取值范围　$HBSP_1 = 217 \sim 255$	大齿轮 45 号钢正火，200HBS
齿轮 1 硬度　$HBS_1 = 230$	
齿轮 2 材料及热处理　$Met_2 = 45\langle正火\rangle$	
齿轮 2 硬度取值范围　$HBSP_2 = 162 \sim 217$	
齿轮 2 硬度　$HBS_2 = 200$	
齿轮 1 第 I 组精度　$JD11 = 8$	小齿轮精度 8GK
齿轮 1 第 II 组精度　$JD12 = 8$	
齿轮 1 第 III 组精度　$JD13 = 8$	
齿轮 1 齿厚上偏差　$JDU1 = G$	
齿轮 1 齿厚下偏差　$JDD1 = K$	
齿轮 2 第 I 组精度　$JD21 = 8$	大齿轮精度 8GH
齿轮 2 第 II 组精度　$JD22 = 8$	
齿轮 2 第 III 组精度　$JD23 = 8$	
齿轮 2 齿厚上偏差　$JDU2 = G$	
齿轮 2 齿厚下偏差　$JDD2 = H$	
模数　$m = 3$ mm	$m = 3$ mm
螺旋角　$\beta = 0$ 度	
齿轮 1 齿数　$z_1 = 20$	$z_1 = 20$
齿轮 1 齿宽　$B_1 = 75$ mm	$B_1 = 75$ mm
齿宽系数　$\Phi_d = 1.167$	
齿轮 2 齿数　$z_2 = 100$	$z_2 = 100$
齿轮 2 齿宽　$B_2 = 70$ mm	$B_2 = 70$ mm
标准中心距　$a_0 = 180.000\,00$ mm	$a = 180$ mm
实际中心距　$a = 180.000\,00$ mm	
齿数比　$u = 5$	
齿轮 1 分度圆直径　$d_1 = 60$ mm	$d_1 = 60$ mm
齿轮 1 齿顶圆直径　$d_{a1} = 66$ mm	$d_{a1} = 66$ mm
齿轮 1 齿根圆直径　$d_{f1} = 52.5$ mm	$d_{f1} = 52.5$ mm
齿轮 1 全齿高　$h_1 = 6.75$ mm	
齿轮 2 分度圆直径　$d_2 = 300$ mm	$d_2 = 300$ mm

齿轮 2 齿顶圆直径 $d_{a2} = 306$ mm	$d_{a2} = 306$ mm
齿轮 2 齿根圆直径 $d_{f2} = 292.5$ mm	$d_{f2} = 292.5$ mm
齿轮 2 全齿高 $h_2 = 6.75$ mm	
齿轮 1 分度圆弦齿厚 $s_{h_1} = 4.70755$ mm	
齿轮 1 分度圆弦齿高 $h_{h_1} = 3.09248$ mm	
齿轮 1 固定弦齿厚 $s_{ch_1} = 4.16114$ mm	
齿轮 1 固定弦齿高 $h_{ch_1} = 2.24267$ mm	
齿轮 1 公法线跨齿数 $k_1 = 3$	
齿轮 1 公法线长度 $W_{k1} = 22.98132$ mm	
齿轮 2 分度圆弦齿厚 $s_{h_2} = 4.71220$ mm	
齿轮 2 分度圆弦齿高 $h_{h_2} = 3.01851$ mm	
齿轮 2 固定弦齿厚 $s_{ch_2} = 4.16114$ mm	
齿轮 2 固定弦齿高 $h_{ch_2} = 2.24267$ mm	
齿轮 2 公法线跨齿数 $k_2 = 12$	
齿轮 2 公法线长度 $W_{k2} = 106.05019$ mm	
齿顶高系数 $h_a^* = 1.00$	
顶隙系数 $c^* = 0.25$	
压力角 $\alpha = 20$ 度	
齿轮 1 齿距累积公差 $F_{p1} = 0.06104$	
齿轮 1 齿圈径向跳动公差 $F_{r1} = 0.04523$	
齿轮 1 公法线长度变动公差 $F_{w1} = 0.04017$	
齿轮 1 齿距极限偏差 $f_{pt}(\pm)_1 = 0.02217$	
齿轮 1 齿形公差 $f_{f_1} = 0.01600$	
齿轮 1 一齿切向综合公差 $f_{i_1'} = 0.02290$	
齿轮 1 一齿径向综合公差 $f_{i_1''} = 0.03129$	
齿轮 1 齿向公差 $F_{\beta1} = 0.02674$	
齿轮 1 切向综合公差 $F_{i_1'} = 0.07704$	
齿轮 1 径向综合公差 $F_{i_1''} = 0.06332$	
齿轮 1 基节极限偏差 $f_{pb}(\pm)_1 = 0.02083$	
齿轮 1 螺旋线波度公差 $f_{f\beta_1} = 0.02290$	
齿轮 1 轴向齿距极限偏差 $F_{px}(\pm)_1 = 0.02674$	
齿轮 1 齿向公差 $F_{b1} = 0.02674$	
齿轮 1 x 方向轴向平行度公差 $f_{x1} = 0.02674$	
齿轮 1 y 方向轴向平行度公差 $f_{y1} = 0.01337$	
齿轮 1 齿厚上偏差 $E_{up_1} = -0.08868$	
齿轮 1 齿厚下偏差 $E_{dn_1} = -0.35473$	
齿轮 2 齿距累积公差 $F_{p2} = 0.12104$	
齿轮 2 齿圈径向跳动公差 $F_{r2} = 0.06869$	

齿轮 2 公法线长度变动公差　$F_{w2} = 0.056\,44$

齿轮 2 齿距极限偏差　$f_{pt}(\pm)_2 = 0.025\,16$

齿轮 2 齿形公差　$f_{f_2} = 0.020\,80$

齿轮 2 一齿切向综合公差　$f_{i'_2} = 0.027\,58$

齿轮 2 一齿径向综合公差　$f_{i''_2} = 0.035\,59$

齿轮 2 齿向公差　$F_{\beta2} = 0.010\,00$

齿轮 2 切向综合公差　$F_{i'_2} = 0.141\,84$

齿轮 2 径向综合公差　$F_{i''_2} = 0.096\,16$

齿轮 2 基节极限偏差　$f_{pb}(\pm)_2 = 0.023\,65$

齿轮 2 螺旋线波度公差　$f_{f_{\beta2}} = 0.027\,58$

齿轮 2 轴向齿距极限偏差　$F_{px}(\pm)_2 = 0.010\,00$

齿轮 2 齿向公差　$F_{b2} = 0.010\,00$

齿轮 $2x$ 方向轴向平行度公差　$f_{x2} = 0.010\,00$

齿轮 $2y$ 方向轴向平行度公差　$f_{y2} = 0.005\,00$

齿轮 2 齿厚上偏差　$E_{up_2} = -0.100\,65$

齿轮 2 齿厚下偏差　$E_{dn_2} = -0.402\,60$

中心距极限偏差　$f_a(\pm) = 0.031\,50$

齿轮 1 接触强度极限应力　$\sigma_{H\lim1} = 450.0$ MPa

齿轮 1 抗弯疲劳基本值　$\sigma_{FE1} = 320.0$ MPa

齿轮 1 接触疲劳强度许用值　$[\sigma_H]_1 = 508.9$ MPa

齿轮 1 弯曲疲劳强度许用值　$[\sigma_F]_1 = 477.1$ MPa

齿轮 2 接触强度极限应力　$\sigma_{H\lim2} = 438.6$ MPa

齿轮 2 抗弯疲劳基本值　$\sigma_{FE2} = 315.6$ MPa

齿轮 2 接触疲劳强度许用值　$[\sigma_H]_2 = 496.1$ MPa

齿轮 2 弯曲疲劳强度许用值　$[\sigma_F]_2 = 470.6$ MPa

接触强度用安全系数　$S_{Hmin} = 1.00$

弯曲强度用安全系数　$S_{Fmin} = 1.40$

接触强度计算应力　$\sigma_H = 474.6$(MPa)

接触疲劳强度校核　$\sigma_H \leqslant [\sigma_H] = $ 满足

齿轮 1 弯曲疲劳强度计算应力　$\sigma_{F1} = 73.3$(MPa)

齿轮 2 弯曲疲劳强度计算应力　$\sigma_{F2} = 66.1$(MPa)

齿轮 1 弯曲疲劳强度校核　$\sigma_{F1} \leqslant [\sigma_F]_1$

齿轮 2 弯曲疲劳强度校核　$\sigma_{F2} \leqslant [\sigma_F]_2$

两齿轮接触强度、弯曲强度足够。

圆周力　$F_{t1} = F_{t2} = 2\,402$ N

径向力　$F_{r1} = F_{r2} = 874$ N

齿轮线速度　$v = 1.598$ m/s

	$F_{t1} = F_{t2} = 2\,402$ N
	$F_{r1} = F_{r2} = 874$ N
	$v = 1.598$ m/s

4 轴的设计

4.1 轴的材料选择与最小直径的确定

1. 高速轴

（1）轴的材料选择

选用 45 号钢调质。

（2）初算轴的直径

据 P41 所述，取 $C = 112$，由式（3.1）得：

$$d_{\mathrm{I}} \geqslant C\sqrt[3]{\frac{P}{n}} = 112\sqrt[3]{\frac{3.84}{508.8}} = 21.97 \text{ mm}$$

考虑到直径最小处安装大皮带轮需开一个键槽，将 d 加大 5% 后得 $d_{\mathrm{I}} = 23.1$ mm。

取高速轴最小直径 $d_{\mathrm{I}} = 24$ mm。

据 P15 得带轮轮毂长 $l = (1.5 \sim 2)d = (1.5 \sim 2) \times 24 = 36 \sim 48$ mm，取带轮轮毂长 $l = 45$ mm，则与带轮配合的轴头长度亦取 $l_{\mathrm{I}} = 45$ mm。

2. 低速轴

（1）轴的材料选择

选用 45 号钢正火。

（2）初算轴的直径

据 P41 所述，取 $C = 112$，由式（3.1）得：

$$d \geqslant C\sqrt[3]{\frac{P}{n}} = 112\sqrt[3]{\frac{3.69}{101.8}} = 37.1 \text{ mm}$$

考虑到直径最小处安装弹性联轴器需开一个键槽，将 d 加大 5% 后得 $d_{\mathrm{II}} = 38.96$ mm。考虑到该处安装标准弹性联轴器，配合处的直径一致，故取低速轴最小直径 $d_{\mathrm{II}} = 40$ mm，轴头长度 $l_{\mathrm{II}} = 75$ mm。

4.2 轴的结构设计

1. 减速器箱体尺寸计算

据 P49 表 4.1 计算减速器箱体的主要尺寸为：

名　　称	符号	计　　　算	结　　果
箱座壁厚	δ	$\delta = 0.025a + 1 = 0.025 \times 180 + 1 = 5.5$ mm　取 $\delta = 10$ mm	$\delta = 10$ mm
箱盖壁厚	δ_1	$\delta_1 = 0.02a + 1 = 0.02 \times 180 + 1 = 4.3$ mm　取 $\delta_1 = 10$ mm	$\delta_1 = 10$ mm
箱座凸缘厚度	b	$b = 1.5\delta = 1.5 \times 10 = 15$ mm	$b = 15$ mm
箱盖凸缘厚度	b_1	$b_1 = 1.5\delta_1 = 1.5 \times 10 = 15$ mm	$b_1 = 15$ mm
箱座底凸缘厚度	b_2	$b_2 = 2.5\delta = 2.5 \times 10 = 25$ mm	$b_2 = 25$ mm

右栏批注：

高速轴 45 号钢调质

$d_{\mathrm{I}} = 24$ mm

$l_{\mathrm{I}} = 45$ mm

低速轴 45 号钢正火

$d_{\mathrm{II}} = 40$ mm
$l_{\mathrm{II}} = 75$ mm

名　　称	符号	计　　算	结　果
地脚螺钉直径及数目	d_f n	$d_f = 0.036a + 12 = 0.036 \times 180 + 12 = 18.48$ mm 取 M20 的地脚螺钉　地脚螺钉数目 $n = 4$	M20 $n = 4$
轴承旁联接螺栓直径	d_1	$d_1 = 0.75d_f = 0.75 \times 20 = 15$ mm 取 M16 的螺栓	M16
箱盖与箱座联接螺栓直径	d_2	$d_2 = (0.5 \sim 0.6)d_f = (0.5 \sim 0.6) \times 20 = (10 \sim 12)$mm　取 M12 的螺栓	M12
起盖螺钉直径	d_5	取与 d_2 相同的规格	M12
定位销直径	d	$d = (0.7 \sim 0.8)d_2 = (0.7 \sim 0.8) \times 12 = (8.4 \sim 9.6)$mm　取 $d = 8$ mm 的定位销	$d = 8$ mm
外箱壁至轴承座端面距离	l_1	$l_1 = c_1 + c_2 + (5 \sim 8)$mm $= 20 + 22 + (5 \sim 8)$mm $= (47 \sim 50)$mm　取 $l_1 = 50$ mm	$l_1 = 50$ mm
内箱壁至轴承座端面距离	l_2	$l_2 = l_1 + \delta = 50 + 10 = 60$ mm	$l_2 = 60$ mm
内箱壁至箱座顶部凸缘长度方向最大端的距离	l_3	$l_3 = \delta + c_1 + c_2 + (5 \sim 8)$mm $= 10 + 18 + 16 + (5 \sim 8)$mm $= (49 \sim 52)$mm　取 $l_3 = 50$ mm	$l_3 = 50$ mm
箱座底部外箱壁至箱座凸缘底座最外端距离	L	$L = c_1 + c_2 + (5 \sim 8)$mm $= 26 + 24 + (5 \sim 8)$mm $= (55 \sim 58)$mm　取 $L = 55$ mm	$L = 55$ mm

2. 绘制轴的结构图

据以上计算得到的尺寸,绘制的轴结构图如图 2 所示。

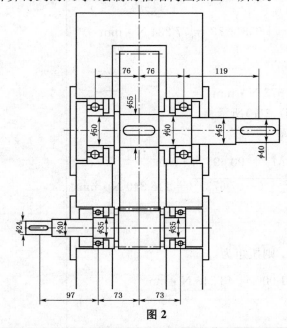

图 2

4.3　轴的强度校核

1. 高速轴的强度校核

（1）绘制轴空间受力图

绘制的轴空间受力图如图 3(a)所示。

（2）绘制水平面 H 和垂直面 V 内的受力图，并计算支座反力

绘制的水平面 H 和垂直面 V 内的受力图如图 3(b)、3(c)所示。

① H 面

$$\sum M_A = 0$$

$$(73 + 73)R_{BH} - 73F_{r1} - 97F_Q = 0$$

$$R_{BH} = \frac{97F_Q + 73F_{r1}}{73 + 73} = \frac{97 \times 935 + 73 \times 874}{73 + 73} = 1\,058 \text{ N}$$

$$\sum F_x = 0 \quad R_{AH} + F_{r1} - F_Q - R_{BH} = 0$$

$$R_{AH} = R_{BH} + F_Q - F_{r1} = 1\,058 + 935 - 874 = 1\,119 \text{ N}$$

② V 面

$$R_{AV} = R_{BV} = \frac{F_{r1}}{2} = \frac{2\,402}{2} = 1\,201 \text{ N}$$

（3）计算 H 面及 V 面内的弯矩，并作弯矩图

① H 面

CA 段：$M_H(x) = F_Q x = 935x(0 \leqslant x \leqslant 97)$

当 $x = 0$ 时　　在 C 处　　$M_{HC} = 0$

当 $x = 97$ 时　　在 A 处　　$M_{HA} = 935 \times 97 = 90\,695 \text{ N} \cdot \text{mm}$

BD 段：$M_H(x) = R_{BH}x = 1\,058x(0 \leqslant x \leqslant 73)$

当 $x = 0$ 时　　在 B 处　　$M_{HB} = 0$

当 $x = 73$ 时　　在 D 处　　$M_{HD} = 1\,058 \times 73 = 77\,234 \text{ N} \cdot \text{mm}$

② V 面

$$M_{VC} = M_{VA} = M_{VB} = 0$$

$$M_{VD} = R_{VA}x = 1\,201 \times 73 = 87\,673 \text{ N} \cdot \text{mm}$$

H 面与 V 面内的弯矩图如图 3(d)、3(e)所示。

（4）计算合成弯矩并作合成弯矩图

$$M_C = M_B = 0 \qquad M_A = 90\,695 \text{ N} \cdot \text{mm}$$

$$M_D = \sqrt{M_{HD}^2 + M_{VD}^2} = \sqrt{77\,234^2 + (-87\,673)^2} = 116\,840 \text{ N} \cdot \text{mm}$$

合成弯矩图如图 3(f)所示。

（5）计算扭矩并作扭矩图

据[11]P269 取折算系数 $\alpha = 0.6$，则扭矩为：

$$\alpha T = 0.6 \times 72.08 \times 1\,000 = 43\,248 \text{ N} \cdot \text{mm}$$

扭矩图如图 3(g)所示。

(6) 计算当量弯矩并作当量弯矩图

$$MeC = 43\,248\ \text{N}\cdot\text{mm}$$

$$M_{eA} = \sqrt{M_A^2 + (\alpha T)^2} = \sqrt{90\,695^2 + 43\,248^2} = 100\,479\ \text{N}\cdot\text{mm}$$

$$M_{eD-} = \sqrt{M_D^2 + (\alpha T)^2} = \sqrt{116\,840^2 + 43\,248^2} = 124\,587\ \text{N}\cdot\text{mm}$$

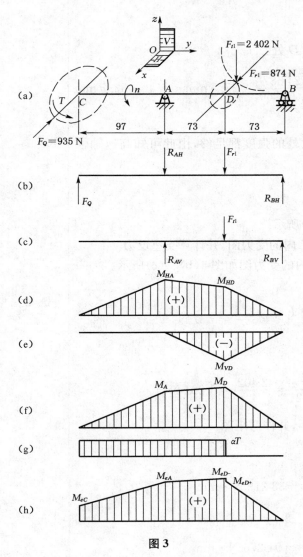

图 3

$$M_{eD+} = M_D = 116840\ \text{N}\cdot\text{mm}$$

当量弯矩图如图 3(h)所示。

(7) 校核轴的强度

高速轴的许用弯曲应力$[\sigma_{-1}]_b$由 P43 得：$[\sigma_{-1}]_b = 60\ \text{MPa}$。

在高速轴最小直径 C 处：

由 $P43$ 式(3.3)得：

$$d_C \geqslant \sqrt[3]{\frac{M_{eC}}{0.1\,[\sigma_{-1}]_b}} = \sqrt[3]{\frac{43\,248}{0.1 \times 60}} = 19.3 \text{ mm}$$

由于该处开一个键槽，把 19.3 加大 5% 后得 20.3 mm，小于该处直径 24 mm，

所以高速轴 C 处的强度足够。

在高速轴受到的最大当量弯矩 D 处：

$$d_D \geqslant \sqrt[3]{\frac{M_{eD}}{0.1\,[\sigma_{-1}]_b}} = \sqrt[3]{\frac{124\,587}{0.1 \times 60}} = 27.5 \text{ mm} < d_{f1} = 52.5 \text{ mm}$$

故高速轴 D 处的强度足够。

由于在轴径最小处和受载最大处的强度都足够，由此可知高速轴强度足够。

2. 低速轴的强度校核

(1) 绘制轴空间受力图

绘制的轴空间受力图如图 4(a)所示。

(2) 绘制水平面 H 和垂直面 V 内的受力图，并计算支座反力

绘制的水平面 H 和垂直面 V 内的受力图如图 4(b)、3(c)所示。

① H 面

$$R_{AH} = R_{CH} = \frac{F_{r2}}{2} = \frac{874}{2} = 437 \text{ N}$$

② V 面

$$R_{AV} = R_{CV} = \frac{F_{t2}}{2} = \frac{2\,402}{2} = 1\,201 \text{ N}$$

(3) 计算 H 面及 V 面内的弯矩，并作弯矩图

① H 面

$M_{HA} = M_{HC} = 0$

$M_{HB} = -76R_{AH} = -76 \times 437 = -33\,212 \text{ N} \cdot \text{mm}$

② V 面

$M_{VA} = M_{VC} = 0$

$M_{VB} = -76R_{AV} = -76 \times 1\,201 = -91\,276 \text{ N} \cdot \text{mm}$

H 面与 V 面内的弯矩图如图 4(d)、4(e)所示。

(4) 计算合成弯矩并作合成弯矩图

$M_A = M_C = 0$

$M_B = \sqrt{M_{HB}^2 + M_{VB}^2} = \sqrt{(-33\,212)^2 + 91\,276^2} = 97\,130 \text{ N} \cdot \text{mm}$

合成弯矩图如图 4(f)所示。

（5）计算扭矩并作扭矩图

据[11]P269 取折算系数 $\alpha = 0.6$，则扭矩为：

$$\alpha T = 0.6 \times 346.16 \times 1\,000 = 207\,696 \text{ N} \cdot \text{mm}$$

扭矩图如图 4(g)所示。

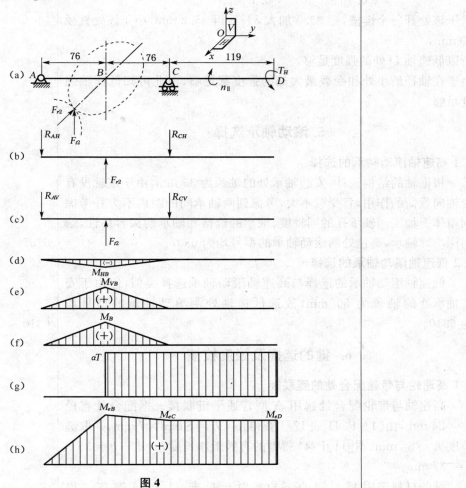

图 4

（6）计算当量弯矩并作当量弯矩图

$M_{eA} = 0$

$M_{eC} = M_{eD} = 207\,696 \text{ N} \cdot \text{mm}$

$$M_{eB} = \sqrt{M_B^2 + (\alpha T)^2} = \sqrt{97\,130^2 + 207\,696^2} = 229\,286 \text{ N} \cdot \text{mm}$$

当量弯矩图如图 4(h)所示。

（7）校核轴的强度

低速轴的许用弯曲应力 $[\sigma_{-1}]_b$ 由 P43 得：$[\sigma_{-1}]_b = 55 \text{ MPa}$。

在 B 处：$d_B \geqslant \sqrt[3]{\dfrac{M_{eB}}{0.1\,[\sigma_{-1}]_b}} = \sqrt[3]{\dfrac{229\,286}{0.1 \times 55}} = 34.7 \text{ mm}$

由于该处开一个键槽,把 34.7 加大 5% 后得 36.4 mm,小于该处直径 55 mm,

所以低速轴 B 处的强度足够。

在 D 处: $d_D \geqslant \sqrt[3]{\dfrac{M_{dD}}{0.1\,[\sigma_{-1}]_b}} = \sqrt[3]{\dfrac{207\,696}{0.1 \times 55}} = 33.5\ \text{mm}$

由于该处开一个键槽,把 33.5 加大 5% 后得 35.2 mm,小于该处直径 40 mm,

所以低速轴 D 处的强度足够。

由于在轴径最小处和受载最大处的强度都足够,由此可知低速轴强度足够。

5. 滚动轴承选择

5.1 高速轴滚动轴承的选择

根据轴的结构设计,安装轴承处的轴颈为 35 mm,由于该轴没有受轴向载荷的作用,且受载不大,考虑到两轴承间的距离不大并考虑到箱体上加工两轴承孔的同轴度、轴承的价格和轴承购买容易性,选用深沟球轴承,高速处两滚动轴承的型号均为 6307。   6307

5.2 低速轴滚动轴承的选择

低速轴滚动轴承的选择与高速轴滚动轴承选择类似,但由于安装轴承处的轴颈为 50 mm,故选低速轴处两滚动轴承的型号均为 6310。   6310

6. 键的选择及强度校核

6.1 高速轴与带轮配合处的键联接

高速轴与带轮配合处选用 A 型普通平键联接。据配合处直径 $d = 24$ mm,由 [11]P241 表 17.1 查得: $b \times h = 8\ \text{mm} \times 7\ \text{mm}$,并取键长度 $L = 35$ mm。据 [11]P241 得键的有效工作长度 $l = L - b = 35 - 8 = 27$ mm。

键的材料选用 45 号钢,带轮材料为铸铁,查 [11]P241 表 17.2 得许用挤压应力 $[\sigma]_p = 75$ MPa。由 [11]P241 式(17.1)得:

$$\sigma_p = \frac{4T}{dlh} = \frac{4 \times 72.08 \times 1000}{24 \times 27 \times 7} = 63.6\ \text{MPa} < [\sigma]_p = 75\ \text{MPa}$$

该键联接的强度足够。

键的标记:GB/T1096—2003 键 8×7×35。   键 8×7×35

6.2 低速轴与齿轮配合处的键联接

低速轴与齿轮配合处选用 A 型普通平键联接。据配合处直径 $d = 55$ mm,由 [11]P241 表 17.1 查得: $b \times h = 16\ \text{mm} \times 10\ \text{mm}$,并取键长 $L = 60$ mm。据 [11]P241 得键的有效工作长度 $l = L - b = 60 -$

16 = 44 mm。

　　键的材料选用 45 号钢，齿轮材料亦为 45 号钢，查[11]P241 表 17.2 得许用挤压应力 $[\sigma]_p = 75$ MPa。由[11]P241 式(17.1)得：$[\sigma]_p = 135$ MPa

由[4]P225 式(14—1)得：

$$\sigma_p = \frac{4T}{dlh} = \frac{4 \times 346.16 \times 1\,000}{55 \times 44 \times 10} = 57.2 \text{ MPa} < [\sigma]_p = 75 \text{ MPa}$$

该键联接的强度足够。

键的标记：GB/T1096—2003　键 16×10×60。

键 16×10×60

6.3　低速轴与联轴器配合处的键联接

　　低速轴与齿轮配合处选用 A 型普通平键联接。据配合处直径 $d = 40$ mm，由[11]P241 表 17.1 查得：$b \times h = 12 \text{ mm} \times 8 \text{ mm}$，并取键长 $L = 68$ mm。据[11]P241 得键的有效工作长度 $l = L - b = 68 - 12 = 56$ mm。

　　键的材料选用 45 号钢，联轴器材料为铸铁，查[11]P241 表 17.2 得许用挤压应力 $[\sigma]_p = 80$ MPa。由[11]P241 式(17.1)得：

$$\sigma_p = \frac{4T}{dlh} = \frac{4 \times 346.16 \times 1\,000}{40 \times 56 \times 8} = 77.3 \text{ MPa} < [\sigma_p] = 80 \text{ MPa}$$

该键联接的强度足够。

键的标记：GB/T1096—2003　键 12×8×68。

键 12×8×68

7. 联轴器的选择

　　查[11]P259 表 18.6 得工作情况系数 $K，K = 1.38$。

　　据[11]P259 式(18.1)得计算转矩 $T_c，T_c = K_A T = 1.38 \times 346.16 = 477.7$ N·m。考虑到补偿两轴线的相对偏移和减振、缓冲等原因，选用弹性联轴器。据低速轴装联轴器处直径为 40 mm，计算转矩 $T_c = 477.7$ N·m，查[1]→【联轴器、离合器、制动器】→【联轴器】→【联轴器标准件、通用件】→【弹性联轴器】→【弹性套柱销联轴器】→【LT 型弹性联轴器】，取 LT7 型弹性联轴器。则主要参数为：与低速轴联接的轴孔直径 $d_\text{Ⅱ} = 40$ mm，轴孔长度 $L = 84$ mm；与驱动滚动轴联接处的轴孔直径为 $d_\text{Ⅱ} = 42$ mm，轴孔长度 $L = 84$ mm。该联轴器的许用转矩 $[T] = 500$ N·m，许用转速 $[n] = 2\,800$ r/min。则 $T_c < [T]$　$n_\text{Ⅱ} < [n]$，合适。故该联轴器的标记为：LT7 联轴器 $\dfrac{\text{JC40} \times 84}{\text{JC42} \times 84}$ GB/T4323—2002。

LT7 联轴器
JC40×84
JC42×84

8. 减速器润滑

8.1　齿轮润滑

由于齿轮圆周速度（线速度）　$v = 1.598\,\text{m/s} < 12\,\text{m/s}$，所以采用浸油润滑。据[1]→【润滑与密封装置】→【润滑剂】→【常用润滑油的牌号、性能及应用】→【常用润滑油主要质量指标和用途】→【工业闭式齿轮油】，选用 L‑CKC150 工业闭式齿轮油，浸油深度取为浸没大齿轮齿顶 12 mm。

L‑CKC150

8.2　滚动轴承

由于高速轴速度因数 $dn = 35 \times 410.3 = 0.144 \times 10^5 < 1.5 \times 10^5$，低速轴 $dn = 50 \times 102.6 = 0.05 \times 10^5 < 1.5 \times 10^5$，所以高速轴和低速轴轴承均采用润滑脂润滑，据[1]→【润滑与密封装置】→【润滑剂】→【常用润滑脂】→【常用润滑脂主要质量指标和用途】→【钙基润滑脂】，选用 NLGI№2 润滑脂。

NLGI№2

9. 减速器的装配图零件图

减速器装配图如图 5 所示。减速器的非标准件零件图如图 6～图 21 所示。

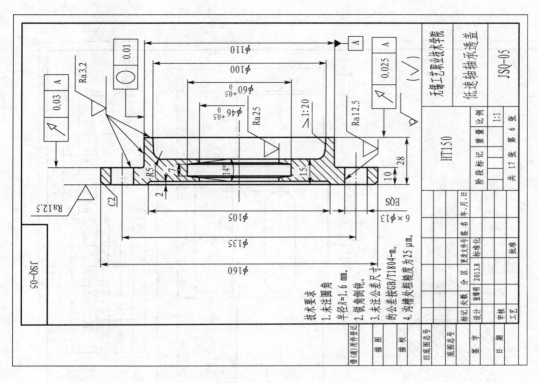

图10

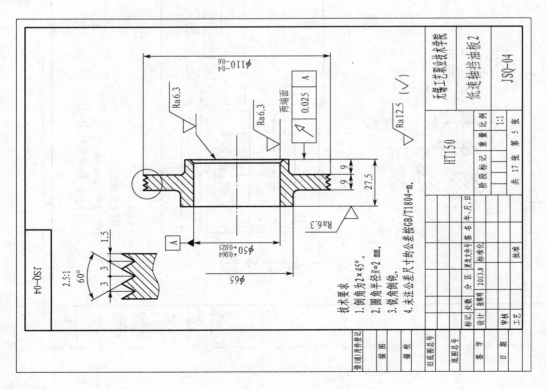

图9

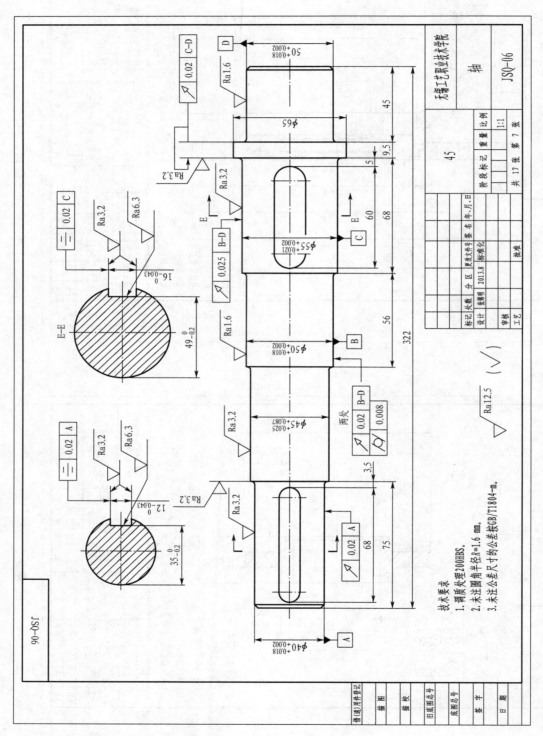

图 11

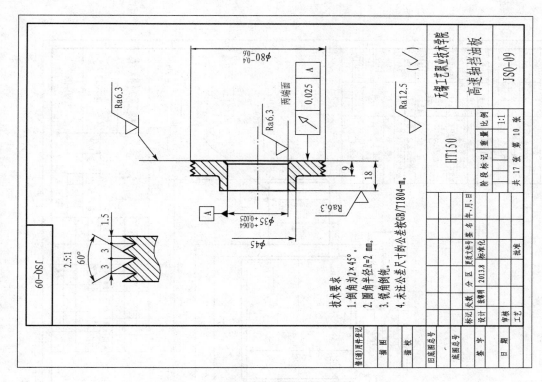

图 13

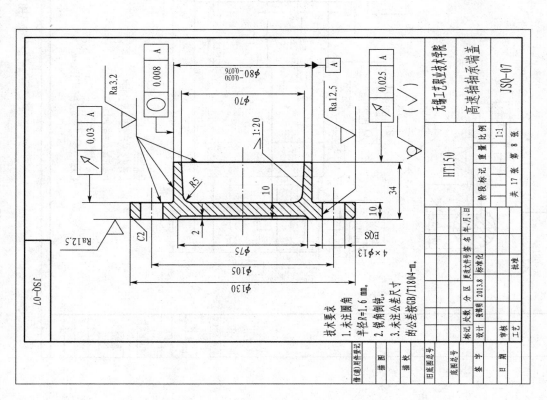

图 12

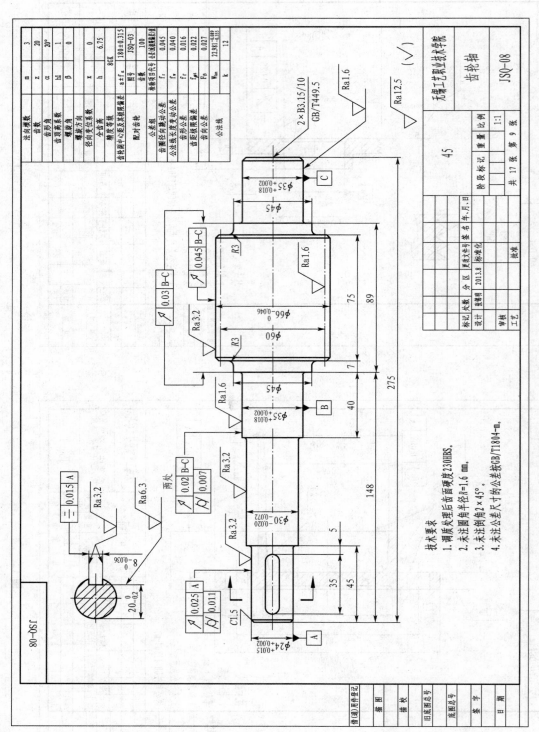

法向模数	m	3
齿数	z	20
齿形角	α	20°
齿顶高系数	h_a^*	1
螺旋角	β	0
螺旋方向		
径向变位系数	x	0
全齿高	h	6.75
精度等级		8GK
齿轮副中心距及其极限偏差	$a±f_a$	180±0.315
配对齿轮	图号	JSQ-03
	齿数	100
公差组	检验项目代号	公差（或极限偏差）数值
齿圈径向跳动公差	F_r	0.045
公法线长度变动公差	F_w	0.040
齿形公差	f_f	0.016
齿距极限偏差	f_{pt}	0.022
齿向公差	$F_β$	0.027
公法线	W_{kn}	$22.981^{-0.089}_{-0.335}$
	k	12

技术要求
1. 调质处理后齿面硬度230HBS。
2. 未注圆角半径R=1.6 mm。
3. 未注倒角2×45°。
4. 未注公差尺寸的公差按GB/T1804-m。

2×B3.15/10
GB/T449.5

$\sqrt{Ra12.5}$　($\sqrt{}$)

无锡工艺职业技术学院		
	齿轮轴	
45		JSQ-08
阶段标记	重量	比例
		1:1
共 17 张 第 9 张		

图 14

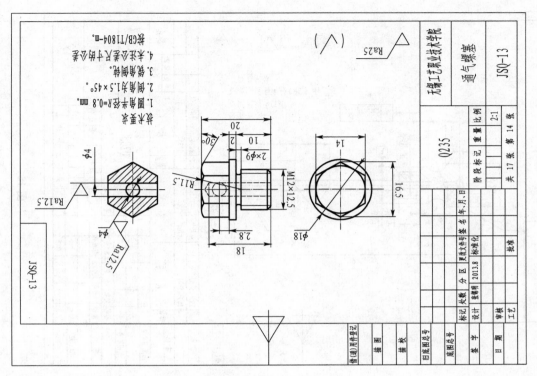

图 16

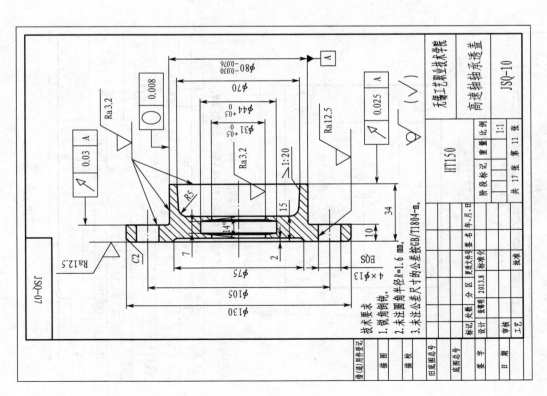

图 15

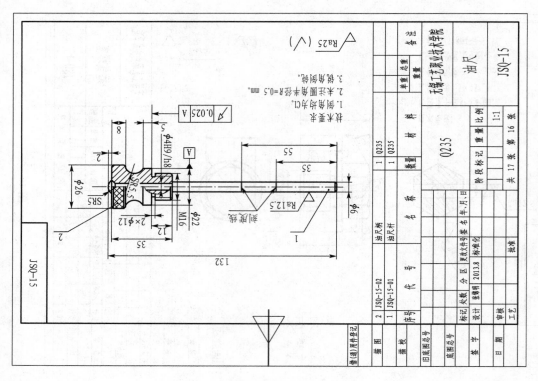

图 18

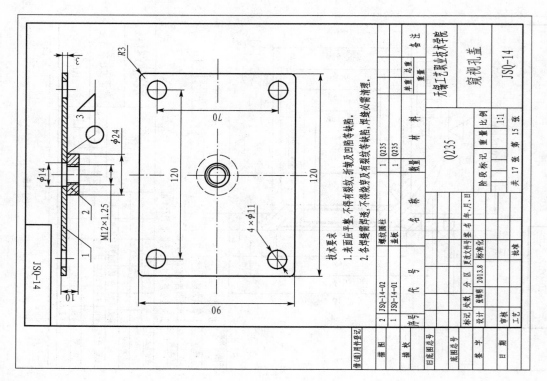

图 17

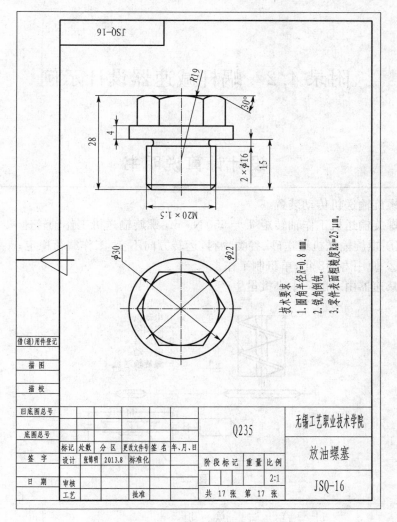

技术要求

1. 圆角半径 R=0.8 mm。
2. 锐角倒钝。
3. 零件表面粗糙度 Ra=25 μm。

借(通)用件登记							
描 图							
描 校							
旧底图总号					Q235	无锡工艺职业技术学院	
底图总号							
	标记	处数	分区	更改文件号	签 名	年、月、日	放油螺塞
签 字	设计	张锦明	2013.8	标准化			
日 期	审核				阶段标记	重量	比例
	工艺			批准	共 17 张　第 17 张	2:1	JSQ-16

JSQ-16

M20×1.5

2×φ16

15

28

4

R19

30°

φ30

φ22

图 21

附录 4.2 蜗杆减速器设计示例

设计计算说明书

设计题目：螺旋输送机传动装置
原始数据：螺旋输送机工作轴转矩 $T = 550\,\text{N}\cdot\text{m}$，螺旋输送机工作轴转速 $n_w = 30\,\text{r/min}$。
工作条件：① 螺旋输送机运送砂、谷类物料，运转方向不变，工作载荷稳定；
　　　　　　② 使用寿命8年，单班制工作。
制造条件：减速器由一般厂中小批量生产。

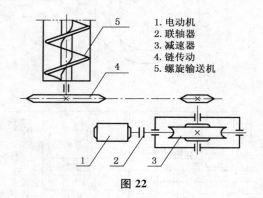

1. 电动机
2. 联轴器
3. 减速器
4. 链传动
5. 螺旋输送机

图 22

计　算　与　说　明	主要结果
1. 电动机的选择及运动参数的计算 **1.1　电动机的选择** 1. 确定螺旋输送机所需的功率 P_w 由 P6 式(2.2)得：$P_w = \dfrac{Tn_w}{9\,550\,\eta_w} = \dfrac{550 \times 30}{9\,550 \times 0.99} = 1.75\,\text{kW}$ 2. 确定传动装置的效率 η 　由[1]→【常用基础资料】→【常用资料和数据】→【机械传动效率】得： 弹性联轴器效率 $\eta_1 = 0.99$　　　　滚动轴承效率 $\eta_2 = 0.99$ 蜗杆传动效率 $\eta_3 = 0.73$　　　　链传动效率 $\eta_4 = 0.96$ 据 P5 式(2.3) 得：$\eta = \eta_1\,\eta_2^2\,\eta_3\,\eta_4 = 0.99 \times 0.99^2 \times 0.73 \times 0.96 = 0.68$	$\eta = 0.68$

3.电动机的输出功率由 P7 式(2.4)得：

$$P_d = \frac{P_w}{\eta} = \frac{1.75}{0.68} = 2.57 \text{ kW}$$

4.选择电动机

因为皮带运输机传动载荷稳定,据 P4 所述,取过载系数 $k = 1.05$,又据 P7 式(2.5)得： $P \geqslant kP_d = 1.05 \times 2.57 = 2.70 \text{ kW}$

据 P8 表 2.1 取型号为 Y100L2－4 的电动机,则电动机额定功率 $p = 3 \text{ kW}$,电动机满载转速 $n = 1\,430 \text{ r/min}$。

由[1]→【常用电动机】→【三相异步电动机】→【三相异步电动机选型】→【Y 系列(IP44)三相异步电动机技术】→【机座带底脚、端盖上无凸缘的电动机】,并根据机座号 100L 查得电动机伸出端直径 $D = 28 \text{ mm}$,电动机伸出端轴安装长度 $E = 60 \text{ mm}$

Y100L2－4 电动机,主要数据如下：

电动机额定功率 P	3 kW
电动机满载转速 n	1430 r/min
电动机伸出端直径	28 mm
电动机伸出端轴安装长度	60 mm

1.2 总传动比计算及传动比分配

1. 总传动比计算

由 P8 式(2.6)得总传动比 i： $i = \frac{n}{n_w} = \frac{1\,430}{30} = 47.7$

2. 传动比的分配

为了使传动系统结构较为紧凑,据 P9 所述,取蜗杆传动传动比 $i_1 = 23$则由 P9,$i = i_1 i_2$ 得链传动的传动比 $i_2 = \frac{i}{i_1} = \frac{47.7}{23} = 2.07$

1.3 传动装置运动参数的计算

1. 各轴功率的确定

取电动机的额定功率作为设计功率,则由 P10 式(2.11)得蜗杆输入的功率：

$$P_1 = P\eta_1 = 3 \times 0.99 = 2.97 \text{ kW}$$

蜗轮轴的输入功率 $P_2 = P\eta_1 \eta_2 \eta_3 = 3 \times 0.99 \times 0.99 \times 0.73 = 2.15 \text{ kW}$

2. 各轴转速的计算

蜗杆转速 $n_1 = 1\,430 \text{ r/min}$
由 P10 式(2.13)得：

蜗轮轴转速 $n_2 = \frac{n_1}{i_1} = \frac{1\,430}{23} = 62.17 \text{ r/min}$

右栏注记：

Y100L2－4

$P_1 = 2.97 \text{ kW}$

$P_2 = 2.15 \text{ kW}$

$n_1 = 1\,430 \text{ r/min}$

$n_2 = 62.17 \text{ r/min}$

3. 各轴输入转矩的计算

据 P11 式(2.15)得

蜗杆转矩：$T_1 = 9\,550\dfrac{P_1}{n_1} = 9\,550 \times \dfrac{2.97}{1\,430} = 19.83\ \text{N·m}$

蜗轮轴转矩：$T_2 = 9\,550\dfrac{P_2}{n_2} = 9\,550 \times \dfrac{2.15}{62.17} = 330.26\ \text{N·m}$

各轴功率、转速、转矩列于下表：

轴　名	功率(kW)	转速(r/min)	转矩(N·m)
蜗杆	2.97	1 430	19.83
蜗轮轴	2.15	62.17	330.26

2. 蜗杆传动设计

使用[1]→【常用设计计算程序】→【普通圆柱蜗杆传动设计】的设计软件进行设计。设计时输入蜗杆传递的功率 2.97 kW,蜗杆转速 1 430 r/min,蜗轮转速 62.17 r/min,预期寿命($8 \times 250 \times 1 \times 8 = 16\,000$ h),选蜗杆材料 45 号钢淬火,蜗轮材料 ZCuSn10P1 等相关数据后,得到蜗杆传动的设计报告:

************* 蜗杆传动设计信息 *************

项目:螺旋输送机

设计者:张锦明

单位:无锡工艺职业技术学院

日期:2013 年 8 月 5 日

************* 传动参数 *************

蜗杆输入功率:2.97 kW

蜗杆类型:阿基米德蜗杆(ZA 型)

蜗杆转速 n_1:1 430 r/min

蜗轮转速 n_2:62.17 r/min

使用寿命:16 000 h

理论传动比:23.001

蜗杆头数 z_1:2

蜗轮齿数 z_2:46

实际传动比 i:23

************* 蜗杆蜗轮材料 *************

蜗杆材料:45 号钢

蜗杆热处理类型:调质

蜗轮材料:ZCuSn10P1

蜗轮铸造方法:砂型铸造

（右栏注记）

$T_1 = 19.83\ \text{N·m}$

$T_2 = 330.26\ \text{N·m}$

蜗杆:45 号钢调质
蜗轮:ZCuSn10P1

疲劳接触强度最小安全系数 S_{Hmin}：1.1

弯曲疲劳强度最小安全系数 S_{Fmin}：1.2

转速系数 Z_n：0.762

寿命系数 Z_h：1.077

材料弹性系数 Z_e：147 $\sqrt{\mathrm{MPa}}$

蜗轮材料接触疲劳极限应力 σ_{Hlim}：265 N/mm²

蜗轮材料许用接触应力 $[\sigma_H]$：197.851 N/mm²

蜗轮材料弯曲疲劳极限应力 σ_{Flim}：115 N/mm²

蜗轮材料许用弯曲应力 $[\sigma_F]$：95.833 N/mm²

＊＊＊＊＊＊＊＊＊＊＊＊＊ 蜗轮材料强度计算 ＊＊＊＊＊＊＊＊＊＊＊＊＊

蜗轮轴转矩 $T_2 = 364.98$ N·m

蜗轮轴接触强度要求：$m^2 d_1 \geqslant 1\,189.707$ mm³

模数 $m = 5$ mm | $m = 5$ mm

蜗杆分度圆直径 $d_1 = 50$ mm

＊＊＊＊＊＊＊＊＊＊＊＊＊ 蜗轮材料强度校核 ＊＊＊＊＊＊＊＊＊＊＊＊＊

蜗轮使用环境：平稳

蜗轮载荷分布情况：平稳载荷

蜗轮使用系数 K_a：1

蜗轮动载系数 K_v：1.2

导程角系数 Y_β：0.906

蜗轮齿面接触强度 σ_H：183.398 N/mm²，通过接触强度验算！

蜗轮齿根弯曲强度 σ_F：19.574 N/mm²，通过弯曲强度计算！

＊＊＊＊＊＊＊＊＊＊＊＊＊ 几何尺寸计算结果 ＊＊＊＊＊＊＊＊＊＊＊＊＊

实际中心距 a：140 mm | $a = 140$ mm

齿顶高系数 $h_a{}^*$：1

顶隙系数 c^*：0.2

蜗杆分度圆直径 d_1：50 mm | $d_1 = 50$ mm

蜗杆齿顶圆直径 d_{a1}：60 mm | $d_{a1} = 60$ mm

蜗杆齿根圆直径 d_{f1}：38 mm

蜗轮分度圆直径 d_2：230 mm | $d_2 = 230$ mm

蜗轮变位系数 x_2：0

法面模数 m_n：5 mm

蜗轮喉圆直径 d_{a2}：240 mm

蜗轮齿根圆直径 d_{f2}：218 mm

蜗轮齿顶圆弧半径 R_{a2}：20 mm

蜗轮齿根圆弧半径 R_{f2}：31 mm

蜗轮顶圆直径 d_{e2}：241 mm | $d_{e2} = 241$ mm

蜗杆导程角 γ：11.3°

轴向齿形角 α_x:20°	
法向齿形角 α_n:19.642°	
蜗杆轴向齿厚 s_{x1}:7.854 mm	
蜗杆法向齿厚 s_{n1}:7.701 mm	
蜗杆分度圆齿厚 s_2:7.854 mm	
蜗杆螺纹长 b_1:≥68.8 mm 取 b_1＝70 mm	b_1 ＝ 70 mm
蜗轮齿宽 b_2:≤45 mm 取 b_2＝45 mm	b_2 ＝ 45 mm
齿面滑动速度 v_s:3.818 m/s	

3. 链传动设计

使用[1]→【常用设计计算程序】→【链传动设计】的设计软件进行设计时,输入链传动功率 2.15 kW,主动链轮转速 62.17 r/min,传动比 2.07 等相关数据与条件后得到以下的链传动设计结果:

链号:12A	12A
链条节距:31.75 mm	节距:31.75 mm
中心距:1262.93 mm	中心距:
链条节数:106	1 262.93 mm
链条长度:3.37 m	节数:106
链速:0.56 m/s	
有效圆周力:3 839.29 N	
作用于轴上的拉力:4530.3 N	作用于轴上的拉力:4 530.3 N
润滑方法:用油壶或油刷定期人工润滑	

4. 轴的设计

4.1 蜗杆和蜗轮轴最小直径的确定

1. 蜗杆

因为蜗杆选用的是 45 号钢,据 P41 所述,取 $C = 112.5$,由式(3.1)得:

$$d \geqslant C\sqrt[3]{\frac{P}{n}} = 112.5\sqrt[3]{\frac{2.97}{1\,430}} = 14.35 \text{ mm}$$

考虑到直径最小处安装联轴器需开一个键槽,将 d 加大 5% 后得 d＝15.1 mm,并考虑到该处安装标准弹性联轴器,配合处的直径一致,故取最小直径 d_1＝20 mm,轴头长度 l_1＝38 mm。

	d_1 ＝ 20 mm
	l_1 ＝ 38 mm

2. 蜗轮轴

(1) 轴的材料选择

选用 45 号钢正火

(2) 初算轴的直径

据 P41 所述,取 $C=112.5$,由式(3.1)得:

$$d \geqslant C \sqrt[3]{\frac{P}{n}} = 112.5 \sqrt[3]{\frac{2.15}{62.17}} = 36.65 \text{ mm}$$

考虑到直径最小处安装小链轮需开一个键槽,将 d 加大 5% 后得: $d = 38.48$ mm 取蜗轮轴最小直径 $d_2 = 40$ mm,轴头长度 $l_2 = 60$ mm。

$d_2 = 40$ mm

$l_2 = 60$ mm

4.2　轴的结构设计

1. 减速器箱体尺寸计算

据 P49 表 4.1 计算蜗杆减速器箱体的主要尺寸为:

名　　称	符号	计　　　算	结　果
箱座壁厚	δ	$\delta = 0.04a+3 = 0.04 \times 140 = 5.6$ mm　取 $\delta = 10$ mm	$\delta = 10$ mm
箱盖壁厚	δ_1	$\delta_1 = 0.85\delta = 0.85 \times 10 = 8.5$ mm 取 $\delta_1 = 10$ mm	$\delta_1 = 10$ mm
箱座凸缘厚度	b	$b = 1.5\delta = 1.5 \times 10 = 15$ mm	$b = 15$ mm
箱盖凸缘厚度	b_1	$b_1 = 1.5\delta_1 = 1.5 \times 10 = 15$ mm	$b_1 = 15$ mm
箱座底凸缘厚度	b_2	$b_2 = 2.5\delta = 2.5 \times 10 = 25$ mm	$b_2 = 25$ mm
地脚螺钉直径及数目	d_f n	$d_f = 0.036a+12 = 0.036 \times 165 + 12 = 17.94$ mm　取 M20 的地脚螺钉　地脚螺钉数目 $n = 4$	M20 $n = 4$
轴承旁联接螺栓直径	d_1	$d_1 = 0.75d_f = 0.75 \times 20 = 15$ mm 取 M16 的螺栓	M16
箱盖与箱座联接螺栓直径	d_2	$d_2 = (0.5 \sim 0.6)d_f = (0.5 \sim 0.6) \times 20 = 10 \sim 12$ mm　取 M12 的螺栓	M12
外箱壁至轴承座端面的距离	l_1	$l_1 = c_1+c_2+(5 \sim 10)\text{mm} = 20+22+(5 \sim 10)\text{mm} = (47 \sim 52)\text{mm}$ 取 $l_1 = 50$ mm	$l_1 = 50$ mm
内箱壁至轴承座端面的距离	l_2	$l_2 = l_1+\delta = 50+10 = 60$ mm	$l_2 = 60$ mm
箱座底部外箱壁至凸缘底座最外端的距离	l_3	$l_3 = c_1+c_2+(5 \sim 10)\text{mm} = 26+24+(5 \sim 10)\text{mm} = (55 \sim 60)\text{mm}$ 取 $l_3 = 55$ mm	$l_3 = 55$ mm

2. 绘制轴结构图

据以上计算得到的尺寸,绘制的轴结构图如图 23 所示。

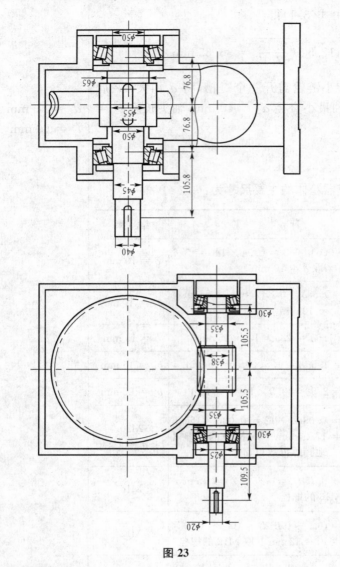

图 23

4.3 轴的强度校核

1. 计算蜗杆蜗轮在啮合处所受的力

据[11]P206 式(14.7)、式(14.8)和式(14.9)得:

蜗杆切向力:$F_{t1} = \dfrac{2T_1}{d_1} = \dfrac{2 \times 19.83 \times 1\,000}{50} = 793.2\,\text{N}$ $F_{t1} = 793.2\,\text{N}$

蜗轮切向力:$F_{t2} = \dfrac{2T_2}{d_2} = \dfrac{2 \times 330.26 \times 1\,000}{230} = 2\,871.8\,\text{N}$ $F_{t2} = 2\,871.8\,\text{N}$

蜗轮径向力:$F_{r2} = F_{t2}\tan\gamma = 2\,871.8\tan 11.3° = 573.8\,\text{N}$ $F_{r1} = 573.8\,\text{N}$

蜗杆轴向力:$F_{a1} = F_{t2} = 2\,871.8\,\text{N}$ $F_{r2} = 573.8\,\text{N}$

蜗杆径向力:$F_{r1} = F_{r2} = 573.8\,\text{N}$ $F_{a1} = 2\,871.8\,\text{N}$

蜗轮轴向力:$F_{a2} = F_{t1} = 793.2\,\text{N}$ $F_{a2} = 793.2\,\text{N}$

2. 蜗杆轴的强度校核

（1）绘制蜗杆轴空间受力图

绘制的蜗杆轴空间受力图如图 24(a)所示。

（2）作水平面 H 和垂直面 V 内的受力图，并计算支座反力

绘制的水平面 H 和垂直面 V 内的受力图如图 24(b)、(c)所示。

① H 面

$$R_{BH} = R_{DH} = F_{t1}/2 = 793.2/2 = 396.6 \text{ N}$$

② V 面 $\sum M_B = 0$

$$25F_{a1} - 105.5F_{r1} - (105.5 + 105.5)R_{DV} = 0$$

$$R_{DV} = \frac{25F_{a1} - 105.5F_{r1}}{105.5 + 105.5} = \frac{25 \times 2871.8 - 105.5 \times 573.8}{105.5 + 105.5} = 53.4 \text{ N}$$

$$\sum F_Z = 0, R_{BV} - F_{r1} - R_{DV} = 0$$

$$R_{BV} = F_{r1} + R_{DV} = 573.8 + 53.4 = 627.2 \text{ N}$$

（3）计算 H 面及 V 面内的弯矩，并作弯矩图

① H 面

$$M_{HA} = M_{HB} = M_{HD} = 0$$

$$M_{HC} = 105.5R_{BH} = 105.5 \times 396.6 = 41\,841.3 \text{ N} \cdot \text{mm}$$

② V 面

$$M_{VA} = M_{VB} = M_{VD} = 0$$

BC 段：$M_{VC-} = 105.5R_{BV} = 105.5 \times 627.2 = 66\,169.6 \text{ N} \cdot \text{mm}$

CD 段：$M_{VC+} = -105.5R_{DV} = -105.5 \times 53.4 = -5\,633.7 \text{ N} \cdot \text{mm}$

H 面与 V 面内的弯矩图如图 24(d)、(e)所示。

（4）计算合成弯矩并作图 $M_A = M_B = M_D = 0$

$$M_{C-} = \sqrt{M_{HC}^2 + M_{VC-}^2} = \sqrt{41\,841.3^2 + 66\,169.6^2} = 78\,288 \text{ N} \cdot \text{mm}$$

$$M_{C+} = \sqrt{M_{HC}^2 + M_{VC+}^2} = \sqrt{41\,841.3^2 + (-5\,633.7)^2} = 42\,219 \text{ N} \cdot \text{mm}$$

合成弯矩图如图 24(f)所示。

（5）计算扭矩并作扭矩图

据[11]P269 取折算系数 $\alpha = 0.6$，则扭矩为：

$$\alpha T = 0.6 \times 19.83 \times 1\,000 = 11\,898 \text{ N} \cdot \text{mm}$$

扭矩图如图 24(g)所示。

（6）计算当量弯矩并作当量弯矩图

$M_{eA} = 11\,898 \text{ N} \cdot \text{mm}$

$M_{eB} = 11\,898 \text{ N} \cdot \text{mm}$

$$M_{eC-} = \sqrt{M_{C-}^2 + (\alpha T)^2} = \sqrt{78\,288^2 + 11\,898^2} = 79\,187 \text{ N} \cdot \text{mm}$$

$M_{eA} =$
$11\,898 \text{ N} \cdot \text{mm}$

$M_{eC-} =$
$79\,187 \text{ N} \cdot \text{mm}$

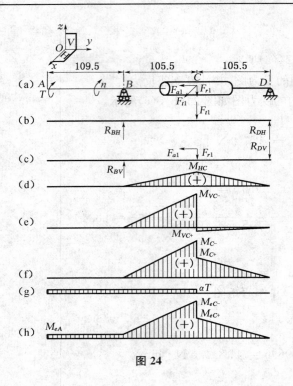

图 24

$$M_{eC+} = \sqrt{M_{C+}^2 + (\alpha T)^2} = \sqrt{42\ 219^2 + 11\ 898^2} = 43\ 863\ \text{N} \cdot \text{mm}$$

$$M_{eD} = 0$$

当量弯矩图如图 24(h)所示。

(7) 强度校核蜗杆轴的许用弯曲应力$[\sigma_{-1}]_b$由 P43 得：$[\sigma_{-1}]_b = 55\ \text{MPa}$。

在蜗杆轴最小直径 A 处：

由 P43 式(3.3)得：$d_A \geqslant \sqrt[3]{\dfrac{M_{eA}}{0.1[\sigma_{-1}]_b}} = \sqrt[3]{\dfrac{11\ 898}{0.1 \times 55}} = 12.9\ \text{mm}$

由于该处开一个键槽，把 12.9 加大 5% 后得 13.5 mm，小于该处直径 20 mm，

所以蜗杆轴 A 处的强度足够。

在蜗杆轴受到的最大当量弯矩 C 处：

$$d_C \geqslant \sqrt[3]{\dfrac{M_{eC}}{0.1[\sigma_{-1}]_b}} = \sqrt[3]{\dfrac{43\ 863}{0.1 \times 55}} = 20\ \text{mm} < d_{f1} = 28\ \text{mm}$$

蜗杆轴 C 处的强度足够。

由于在轴径最小处和受载最大处的强度都足够，由此可知蜗杆轴强度足够。

3. 蜗轮轴的强度校核

(1) 绘制蜗轮轴空间受力图

绘制的蜗轮轴空间受力图如图 25(a)所示。

(2) 作水平面 H 和垂直面 V 内的受力图,并计算支座反力

绘制的水平面 H 和垂直面 V 内的受力图如图 25(b)、(c)所示。

① H 面

$$\sum M_B = 0$$

$$105.8F_Q + 76.8F_{t2} - (76.8 + 76.8)R_{DH} = 0$$

$$R_{DH} = \frac{105.8F_Q + 76.8F_{t2}}{76.8 + 76.8} = \frac{105 \times 4\,530.3 - 76.8 \times 2\,871.8}{76.8 + 76.8} = 4\,556\,\text{N}$$

$$\sum F_x = 0 \quad F_Q - R_{BH} - F_{t2} + R_{DH} = 0$$

$$R_{BH} = F_Q - F_{t2} + R_{DH} = 4\,530.3 - 2\,871.8 + 4\,556 = 6\,215\,\text{N}$$

② V 面

$$\sum M_B = 0$$

$$76.8F_{r2} - 115F_{a2} + (76.8 + 76.8)R_{DV} = 0$$

$$R_{DV} = \frac{115F_{a2} - 76.8F_{r2}}{76.8 + 76.8} = \frac{115 \times 793.2 - 76.8 \times 573.8}{76.8 + 76.8} = 307\,\text{N}$$

$$\sum F_Z = 0 \quad R_{DV} + F_{r2} - R_{BV} = 0$$

$$R_{BV} = R_{DV} + F_{r2} = 307 + 573.8 = 881\,\text{N}$$

(3) 计算 H 面及 V 面内的弯矩,并作弯矩图

① H 面

$$M_{HA} = M_{HD} = 0$$

$$M_{HB} = -105.8F_Q = -105.8 \times 4\,530.3 = -479\,306\,\text{N} \cdot \text{mm}$$

$$M_{HC} = -76.8R_{DH} = -76.8 \times 4\,556 = -349\,901\,\text{N} \cdot \text{mm}$$

② V 面

$$M_{VA} = M_{VB} = M_{VD} = 0$$

BC 段:$M_{VC-} = -76.8R_{BV} = -76.8 \times 881 = -67\,661\,\text{N} \cdot \text{mm}$

CD 段:$M_{VC+} = 76.8R_{DV} = 76.8 \times 307 = 23\,578\,\text{N} \cdot \text{mm}$

H 面与 V 面内的弯矩图如图 25(d)、(e)所示。

(4) 计算合成弯矩并作图

$$M_A = M_D = 0$$

$$M_B = \sqrt{M_{HB}^2 + M_{VB}^2} = \sqrt{(-479\,306)^2 + 0^2} = 479\,306\,\text{N} \cdot \text{mm}$$

$$M_{C-} = \sqrt{M_{HC}^2 + M_{VC-}^2} = \sqrt{(-349\,901)^2 + (-67\,661)^2} = 356\,383\,\text{N} \cdot \text{mm}$$

$$M_{C+} = \sqrt{M_{HC}^2 + M_{VC+}^2} = \sqrt{(-349\,901)^2 + 23\,578^2} = 350\,694\,\text{N} \cdot \text{mm}$$

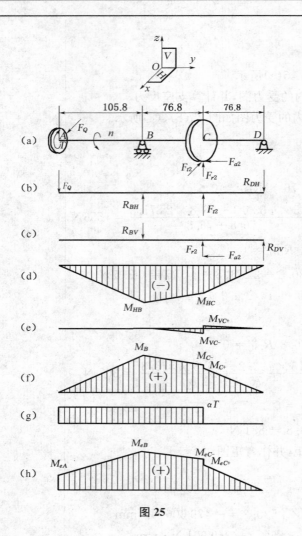

图 25

合成弯矩图如图 25(f)所示。

(5) 计算扭矩并作扭矩图

据[11]P269 取折算系数 $\alpha = 0.6$,则扭矩为:

$$\alpha T = 0.6 \times 330.26 \times 1\,000 = 198\,156 \text{ N} \cdot \text{mm}$$

扭矩图如图 25(g)所示。

(6) 计算当量弯矩并作图

$M_{eA} = 198\,156 \text{ N} \cdot \text{mm}$

$M_{eB} = \sqrt{M_B^2 + (\alpha T)^2} = \sqrt{479\,306^2 + 198\,156^2} = 518\,652 \text{ N} \cdot \text{mm}$

$M_{eC-} = \sqrt{M_{C-}^2 + (\alpha T)^2} = \sqrt{356\,383^2 + 198\,156^2} = 407\,768 \text{ N} \cdot \text{mm}$

$M_{eC+} = M_{C+} = 350\,694 \text{ N} \cdot \text{mm}$

$M_{eD} = 0$　　当量弯矩图如图 25(h)所示。

$M_{eA} =$
$198\,156 \text{ N} \cdot \text{mm}$
$M_{eB} =$
$518\,652 \text{ N} \cdot \text{mm}$

（7）强度校核在蜗轮轴许用弯曲应力$[\sigma_{-1}]_b$由 P43 得：$[\sigma_{-1}]_b =$ 55 MPa。

在蜗轮轴最小直径 A 处：

由 P43 式(3.3)得：$d_A \geqslant \sqrt[3]{\dfrac{M_{eA}}{0.1[\sigma_{-1}]_b}} = \sqrt[3]{\dfrac{198\ 156}{0.1 \times 55}} = 33\ \text{mm}$

由于该处开一个键槽，把 33 mm 加大 5% 后得 34.65 mm，小于该处直径 40 mm，所以蜗轮轴 A 处的强度足够。

在蜗轮轴受到的最大当量弯矩 B 处：

$$d_B \geqslant \sqrt[3]{\dfrac{M_{eB}}{0.1[\sigma_{-1}]_b}} = \sqrt[3]{\dfrac{518\ 652}{0.1 \times 55}} = 45.5\ \text{mm}$$

由于该处开一个键槽，把 45.5 mm 加大 5% 后得 47.8 mm，小于该处直径 55 mm，所以蜗轮轴 B 处的强度足够。

由于在轴径最小处和受载最大处的强度都足够，由此可知蜗轮轴强度足够。

5. 滚动轴承选择

5.1 蜗杆轴滚动轴承的选择

根据轴的结构设计，安装轴承处的轴颈为 30 mm，两轴承间的距离不大，但由于该轴受较大的轴向载荷的作用，并考虑到箱体上加工两轴承孔的同轴度、轴承的价格和轴承购买容易性，选用圆锥滚子轴承，因此蜗杆轴两滚动轴承的型号均取 30306，尽管蜗杆轴的转速很高，但它远在该轴承的极限转速之下。

蜗杆轴轴承型号：30306

5.2 蜗轮轴滚动轴承的选择

蜗轮轴处滚动轴承的选择与蜗杆轴处滚动轴承的选择类似，但由于安装轴承处的轴颈为 50 mm，故选该处两滚动轴承的型号均为 30310。

蜗轮轴轴承型号：30310

6. 键的选择及强度校核

6.1 蜗杆轴与联轴器处的键联接

使用[1]→【常用设计计算程序】→【键连接设计校核】的设计软件进行设计时，输入传递的转矩 19 830 N・mm，轴径 $d = 20$ mm，键长 36 mm，选 C 型键，联轴器材料为铸铁等数据与条件后，得到键的设计结果：

传递的转矩　　$T = 19\ 830\ \text{N} \cdot \text{mm}$

轴的直径　　　$d = 20\ \text{mm}$

键的类型　　　$s_{\text{Type}} = \text{C 型}$

键的截面尺寸　　$b \times h = 6\ \text{mm} \times 6\ \text{mm}$

键的长度　　$L = 36$ mm

键的有效长度　　$L_0 = 33.000$ mm

接触高度　　$k = 2.400$ mm

最弱的材料　　Met = 铸铁

载荷类型　　$P_{Type} = $ 静载荷

许用应力　　$[\sigma]_p = 75$ MPa

计算应力　　$\sigma_p = 25.038$ MPa

校核计算结果:$\sigma \leqslant [\sigma]_p$　　满足

键的标记:GB/T1096—2003　键 C6×6×35　　　　　　键 C6×6×35

6.2　蜗轮轴与小链轮配合处的键联接

　　使用[1]→【常用设计计算程序】→【键连接设计校核】的设计软件进行设计时,输入传递的转矩 34 346 N·mm,轴径 $d = 40$ mm,键长 56 mm,选 C 型键,联轴器材料为铸铁等数据与条件后,得到键的设计结果:

　传递的转矩　　$T = 34\ 346$ N·mm

　轴的直径　　$d = 40$ mm

　键的类型　　$s_{Type} = $ C 型

　键的截面尺寸 $b×h = 12$ mm×8 mm

　键的长度　　$L = 56$ mm

　键的有效长度　　$L_0 = 50.000$ mm

　接触高度　　$k = 3.200$ mm

　最弱的材料　　Met = 铸铁

　载荷类型　　$P_{Type} = $ 静载荷

　许用应力　　$[\sigma]_p = 75$ MPa

　计算应力　　$\sigma_p = 10.733$ MPa

　校核计算结果:$\sigma \leqslant [\sigma]_p$　　满足

键的标记:GB/T1096—2003　键 C12×8×56　　　　　键 C12×8×56

6.3　蜗轮轴与蜗轮配合处的键联接

　　使用[1]→【常用设计计算程序】→【键连接设计校核】的设计软件进行设计时,输入传递的转矩 34 346 N·mm,轴径 $d = 55$ mm,键长 63 mm,选 A 型键,蜗轮轮毂材料为铸铁等数据与条件后,得到键的设计结果:

传递的转矩　　$T = 34\ 346$ N·mm

轴的直径　　$d = 55$ mm

键的类型　　$s_{Type} = $ A 型

键的截面 尺寸 $b×h = 16$ mm×10 mm

键的长度　　$L = 63$ mm

键的有效长度　　$L_0 = 47.000$ mm

接触高度　$k=4.000$ mm 最弱的材料　Met＝铸铁 载荷类型　P_{Type}＝静载荷 许用应力　$[\sigma]_p=75$ MPa 计算应力　$\sigma_p=6.643$ MPa 校核计算结果：$\sigma\leqslant[\sigma]_p$　满足 键的标记：GB/T 1096—2003　键 $16\times10\times63$	键 $16\times10\times63$

7. 联轴器的选择

查[11]P259 表 18.6 得：$K=1.5$

据[11]P259 式(18.1)得：$T_c=KT=1.5\times19.83=29.745$ N·m。考虑到补偿两轴线的相对偏移和减振，缓冲等原因，选用弹性联轴器。根据电动机伸出端直径 28 mm，电动机伸出端轴安装长度 60 mm。蜗杆轴装联轴器处要求直径为 20 mm，计算转矩 $T_c=$ 29.745 N·m，转速 $n=1430$ r/min，查[1]→【联轴器、离合器、制动器】→【联轴器】→【联轴器标准件、通用件】→【弹性联轴器】→【弹性套柱销联轴器】→【LT 型弹性联轴器】，取 LT4 型弹性联轴器。

主要参数为：轴孔直径分别为 20 mm、28 mm，轴孔长度分别为 38 mm、62 mm，　该联轴器的许用转矩 $[T]=63$ N·m，许用转速 $[n]=5700$ r/min　则 $T_c<[T]$，$n<[n]$，合适。则联轴器的标记：LT4 联轴器$\dfrac{J_1 B28\times62}{J_1 B20\times38}$ GB/T 4323—2002 。

LT4 联轴器
$J_1 B28\times62$
$J_1 B20\times38$

GB/T 4323—2002

8. 减速器润滑

由[11]P117 式(8.4)求得蜗杆的圆周速度：

$$v=\frac{\pi nd}{60\,000}=\frac{3.14\times1\,430\times50}{60\,000}=3.74 \text{ m/s}$$

由于蜗杆的圆周速度 3.74 m/s 小于 10 m/s，所以传动件采用浸油润滑。据[1]→【润滑与密封装置】→【润滑剂】→【常用润滑油的牌号、性能及应用】→【常用润滑油主要质量指标和用途】→【工业闭式齿轮油】，选用 L－CKC150 工业闭式齿轮油，取蜗杆浸油深度为 1～2 个齿高作为最低油面。

L－CKC150

9. 减速器的装配图零件图

减速器装配图如图 26 所示。减速器的非标准零件图如图 27～图 43 所示。

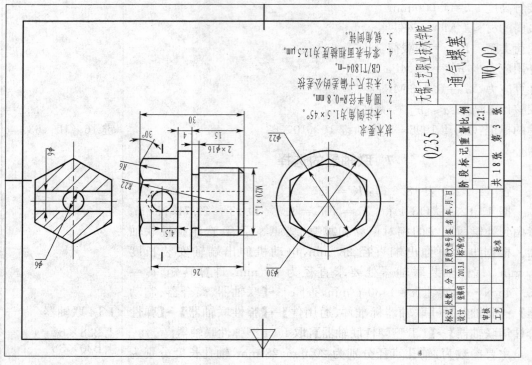

技术要求
1. 未注倒角为 1.5×45°。
2. 未注圆角半径 R=0.8 mm。
3. 未注尺寸六角按六角螺栓的尺寸关系
　GB/T1804-m。
4. 净化未涂图粗糙度为 12.5 μm。
5. 磁粉探伤处理。

			Q235	通气螺塞	无锡工艺职业技术学院
				比例 2:1	WQ-02
				重量	
标记	处数	分区	更改文件号	签 名	年,月,日	阶段标记	共 18 张 第 3 张
设计	张晓明		2013.8				
审核		工艺		标准化		批准	

图 27

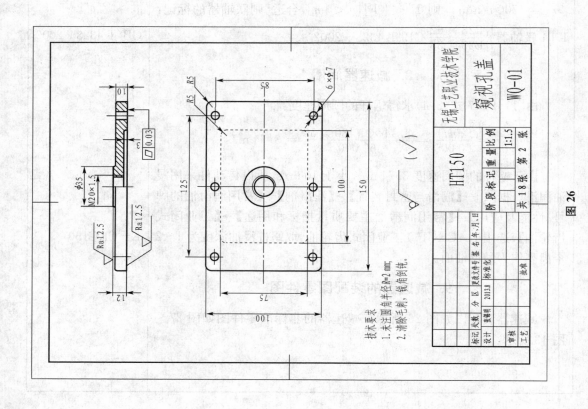

技术要求
1. 未注圆角半径 R=2 mm；
2. 清除毛刺、锐角倒钝。

			HT150	窥视孔盖	无锡工艺职业技术学院
				比例 1:1.5	WQ-01
				重量	
标记	处数	分区	更改文件号	签 名	年,月,日	阶段标记	共 18 张 第 2 张
设计	张晓明		2013.8				
审核		工艺		标准化		批准	

图 26

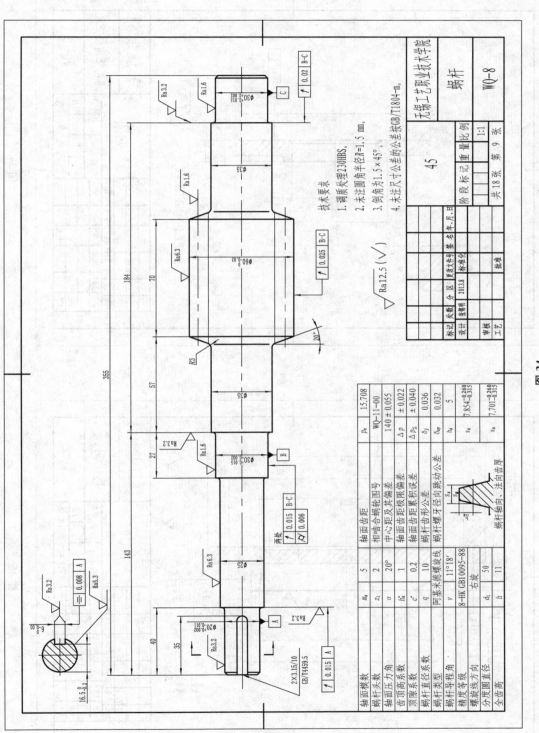

技术要求
1. 调质处理230HBS。
2. 未注圆角半径R1.5 mm。
3. 倒角为1.5×45°。
4. 未注尺寸公差的公差按GB/T1804-m。

$\sqrt{Ra12.5}$ ($\sqrt{}$)

轴面齿距	p_x	15.708	
相啮合蜗轮图号		WQ-11-00	
中心距及其偏差		140±0.055	
轴面齿距极限偏差	Δp_x	±0.022	
轴面齿距累积误差	Δp_{xs}	±0.040	
蜗杆齿形公差	δ_f	0.036	
蜗杆螺牙径向跳动公差	δ_{rr}	0.032	
	h_a	5	
	s_x	$7.854^{-0.260}_{-0.315}$	
	s_n	$7.701^{-0.260}_{-0.315}$	

轴面模数	m_x	5	
蜗杆头数	z_1	2	
轴面压力角	α	20°	
齿顶高系数	h_a^*	1	
顶隙系数	c^*	0.2	
蜗杆直径系数	q	10	
蜗杆齿形类型	阿基米德螺旋线		
精度等级	8-HK GB10095-88		
螺度导程角	γ	11°18′	
螺旋线方向	右旋		
分度圆直径	d_1	50	
全齿高	h	11	

蜗杆轴向、法向齿厚

标记	处数	分区	更改文件号	签名、年、月、日
设计			黄森阳	2013.8
审核				
工艺			批准	

无锡工艺职业技术学院

蜗杆

WQ-8

45

阶段标记	重量	比例
		1:1
共18张	第 9 张	

图34

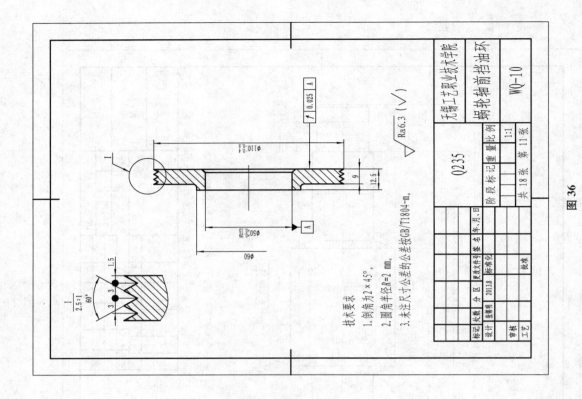

图 36

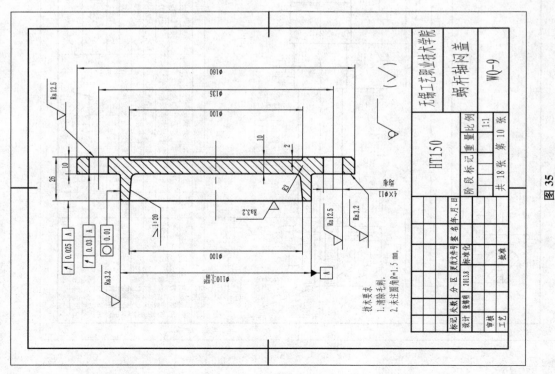

图 35

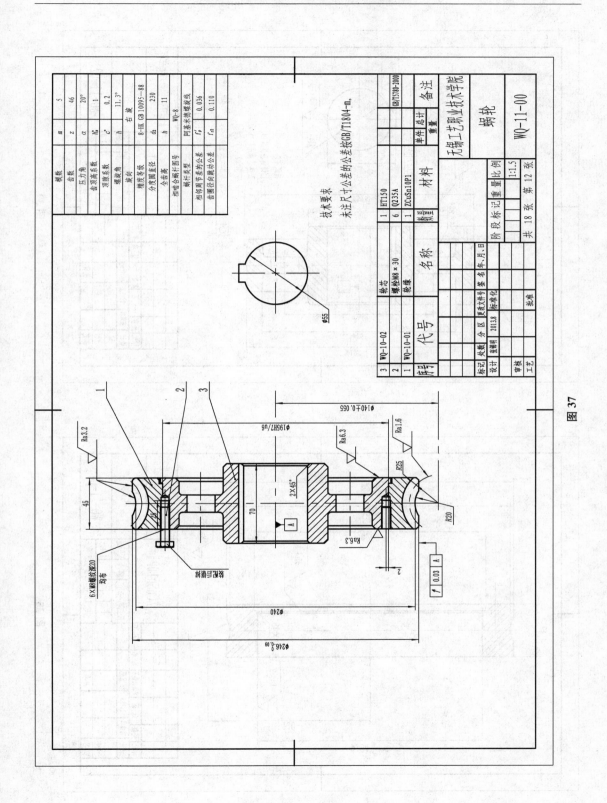

图37

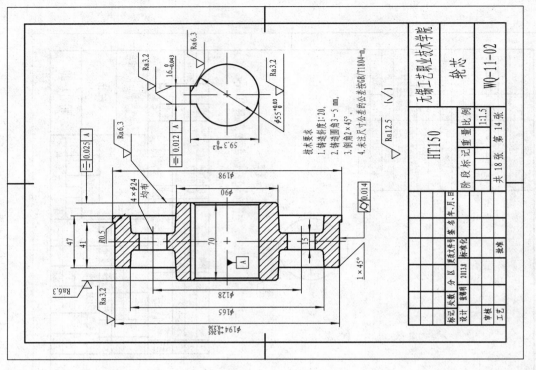

图 39

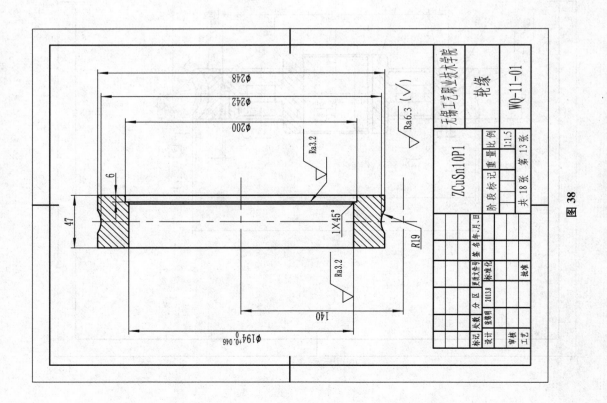

图 38

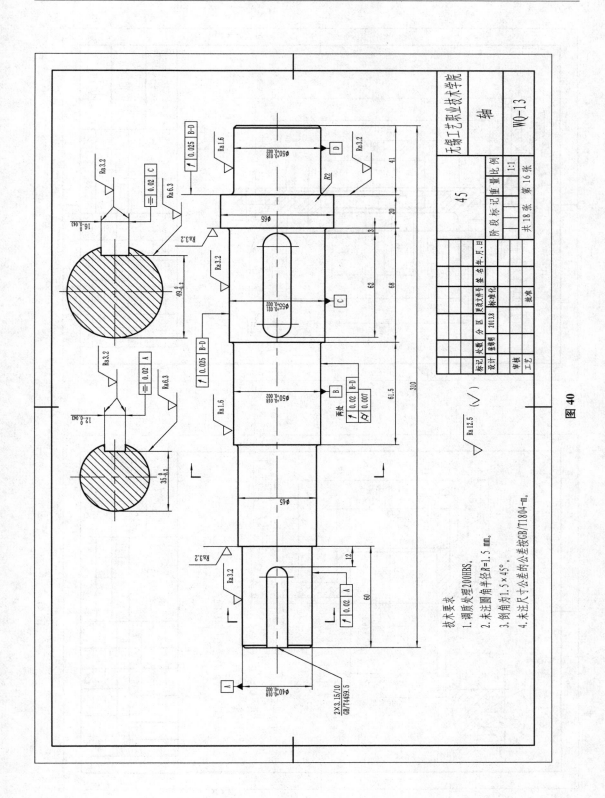

图 40

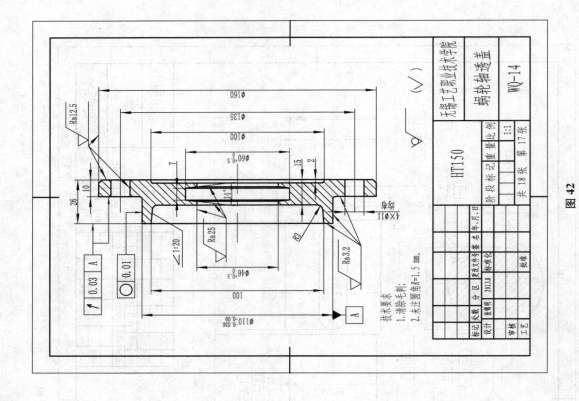

图 42

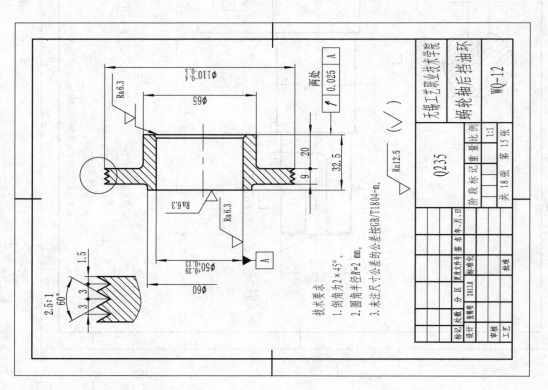

图 41

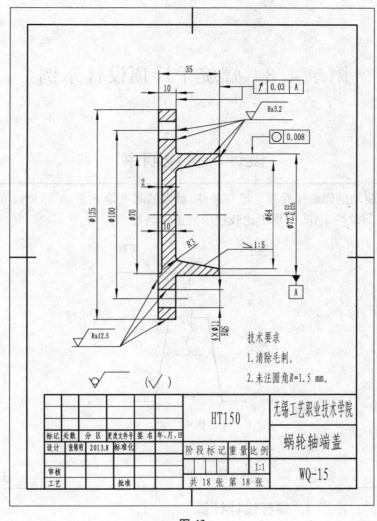

技术要求

1. 清除毛刺。

2. 未注圆角 $R=1.5$ mm。

标记	处数	分区	更改文件号	签名	年、月、日		HT150	无锡工艺职业技术学院
设计	张锦明	2013.8	标准化					蜗轮轴端盖
审核						阶段标记	重量	比例
工艺			批准			共 18 张 第 18 张		1:1　WQ-15

图 43

附录 4.3　螺旋千斤顶设计示例

设计计算说明书

设计人力驱动的螺旋千斤顶。已知条件：最大的起重量 $F_{max} = 30\ kN$，最大举升高度 $h = 150\ mm$。间歇性工作，可用于比较狭窄的工作场地。

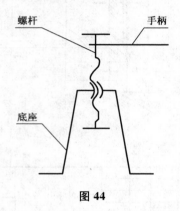

螺杆　　　　　　手柄

底座

图 44

计　算　与　说　明	主要结果
1. 螺杆设计计算	

1.1　选择材料

　　螺杆选用 45 号钢，螺母选用 ZCuAl10Fe3。

1.2　按耐磨性确定螺杆的主要参数

　　螺母为整体式螺母，据 P71 取螺母高度系数 $\varphi = 1.8$。选螺纹牙形为梯形，则螺纹高度 $h = 0.5P$。查 P71 表 5.1 取螺旋副的许用比压 $[p] = 24\ MPa$。

由 P71 式(5.2)得：$d_2 \geqslant \sqrt{\dfrac{F_{max}P}{\pi h \varphi [p]}} = \sqrt{\dfrac{30\ 000 \times P}{3.14 \times 0.5P \times 1.8 \times 24}} = 21.0\ mm$

　　查 P71 表 5.2，取右旋单线 Tr28×5 的螺纹，其公称直径(大径) $d = 28\ mm$，螺距 $P = 5\ mm$，计算直径(中径) $d_2 = 25.5\ mm > 21.0\ mm$，小径 $d_1 = 22.5\ mm$。

主要结果：

$d = 28\ mm$

$d_2 = 25.5\ mm$

$d_1 = 22.5\ mm$

螺母高度 $H = \varphi d_2 = 1.8 \times 25.5 = 45.9\,\text{mm}$，取 $H = 50\,\text{mm}$。由此可得螺纹的圈数 $z = \dfrac{H}{P} = \dfrac{50}{5} = 10$

1.3　自锁性校核

1. 螺旋升角

据 [13] P200 式（13−2）螺纹升角为：

$$\psi = \arctan \frac{P}{\pi d_2} = \arctan \frac{5}{3.14 \times 25.5} = 3.573°$$

查 P73 表 5.3 取摩擦系数 $f = 0.1$

2. 当量摩擦角

由 P73 式（5.4）得：$f_v = \dfrac{f}{\cos\dfrac{\alpha}{2}} = \dfrac{0.1}{\cos\dfrac{30°}{2}} = 0.103\,53$

由式 P73 式（5.3）得：$\rho_v = \arctan f_v = \arctan 0.103\,53 = 5.911°$

　　因为螺纹升角小于当量摩擦角，即：$\varphi = 3.573° < \rho_v = 5.911°$，所以自锁条件满足。

1.4　螺杆强度校核

　　由于螺纹间的摩擦力矩也就是旋转螺杆时必需的驱动力矩，据 P80 式（5.20）得螺纹间的摩擦力矩为：

$$T = \frac{F_{\max}}{2}d_2\tan(\psi + \rho_v) = \frac{30\,000}{2} \times 25.5\tan(3.573° + 5.911°)$$

$$= 63\,899\,\text{N} \cdot \text{mm}$$

　　45 号钢的屈服极限 $\sigma_s = 360\,\text{MPa}$，据 P74 表 5.4，其许用当量应力：

$$[\sigma] = \frac{\sigma_s}{3 \sim 5} = \frac{360}{4} = 90\,\text{MPa}$$

则由 P73 式（5.6）得螺杆的当量应力为：

$$\sigma = \sqrt{\left(\frac{4F_{\max}}{\pi d_1^2}\right)^2 + 3\left(\frac{T}{0.2d_1^3}\right)^2}$$

$$= \sqrt{\left(\frac{4 \times 30\,000}{3.14 \times 22.5^2}\right)^2 + 3\left(\frac{63\,899}{0.2 \times 22.5^3}\right)^2}$$

$$= 89.8\,\text{MPa} < [\sigma] = 90\,\text{MPa}$$

螺杆强度足够。

1.5　螺纹牙强度校核

　　因螺母材料强度低于螺杆，故只验算螺母螺纹强度即可。$T_r28 \times 5$ 梯形螺纹牙根部宽度 $b = 0.65P = 0.65 \times 5 = 3.25\,\text{mm}$。查 P74 表 5.4 得青铜螺母的许用剪切应力 $[\tau] = 35\,\text{MPa}$，许用弯曲应力

右栏边注：
$p = 5\,\text{mm}$
$H = 50\,\text{mm}$
$z = 10$

$\varphi = 3.573°$

$\rho_v = 5.911°$

$[\sigma]_b = 50$ MPa。

螺纹牙的剪切和弯曲强度为：

据 P74 式(5.7)得：

$$\tau = \frac{F_{\max}}{z\pi db} = \frac{30\,000}{10 \times 3.14 \times 28 \times 3.25} = 10.5 \text{ MPa} \leqslant [\tau] =$$

35 MPa

据 P74 式(5.8)得：

$$\sigma_b = \frac{3F_{\max}(d-d_2)}{\pi db^2 z} = \frac{3 \times 30\,000 \times (28-25.5)}{3.14 \times 28 \times 3.25^2 \times 10} = 24.2 \text{ MPa} \leqslant$$

$[\sigma]_b = 50$ MPa

螺纹牙的剪切和弯曲强度均足够。

1.6　稳定性校核

　　起重螺杆可视为一端固定，一端自由的压杆。据 P75 表 5.5 取
长度系数 $\mu = 2$。由图 45 得螺杆的最大工作长度 $l = l_1 + \dfrac{H}{2} + l_2 =$

$150 + \dfrac{50}{2} + 42 = 217$ mm

（通常取 $l_2 = 1.5d$）

$l = 217$ mm

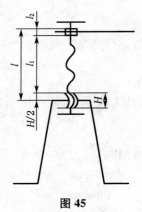

图 45

由 P75 可知螺杆危险截面的惯性半径 $i = \dfrac{d_1}{4} = \dfrac{22.5}{4} = 5.625$ mm，

并从 P75 知柔度 $\lambda = \dfrac{\mu l}{i} = \dfrac{2 \times 217}{5.625} = 77.16$。对于未淬火钢，由于柔

度 $\lambda = 77.16 < 90$，则临界载荷 F_c 可按 P75 式(5.11)计算：

$$F_c = \frac{340}{1 + 0.000\,13 \left(\dfrac{\mu l}{i}\right)^2} \times \frac{\pi d_1^2}{4}$$

$$= \frac{340}{1 + 0.000\,13 \left(\dfrac{2 \times 217}{5.625}\right)^2} \times \frac{3.14 \times 22.5^2}{4} = 76\,171.5 \text{ N}$$

得螺杆稳定性计算安全系数

$$S_c = \frac{F_c}{F_{max}} = \frac{76\,171.5}{30\,000} = 2.54 > [S] = 2.5$$

故螺杆的稳定性足够。

2. 螺母其他部分的设计计算

2.1　计算螺母外径

据 P78 式(5.13)得:

$$D \geqslant \sqrt{(1.53 \sim 1.66)\frac{F}{[\sigma]} + d^2} = \sqrt{1.595 \times \frac{30 \times 1\,000}{41.5} + 28^2}$$

$$= 44 \text{ mm}$$

螺母相关尺寸根据 $D = (1.6 \sim 1.8)d$

取螺母外径 $D = 50$ mm。

式中:据 $[\sigma] = 0.83[\sigma]_b = 0.83 \times 50 = 41.5$ MPa,其中 $\qquad$ $D=50$ mm

$[\sigma]_b = 50$ MPa 由 P74 表 5.4 查得。

2.1　螺母凸缘外径与高度

据图 5.6 初选螺母凸缘外径 $D_1 \approx (1.3 \sim 1.4)D = 1.3 \times 50 = 65$ mm

$$高度\ a \approx \frac{H}{3} = \frac{50}{3} = 17 \text{ mm}$$

1. 凸缘支承表面挤压强度校核

据 P78 式(5.14)得:

$$\sigma_p = \frac{4F}{\pi(D_1^2 - D^2)} = \frac{4 \times 30 \times 1000}{3.14 \times (65^2 - 50^2)} = 22.2 \text{ MPa} < [\sigma]_p$$

$$= 80 \text{ MPa}$$

凸缘支承表面挤压强度足够。

式中 $[\sigma]_p = (1.5 \sim 1.7)[\sigma]_b = 1.6 \times 50 = 80$ MPa 由 P78 得。

2. 凸缘根部弯曲强度校核

据式(5.15)得:

$$\sigma_b = \frac{1.5F(D_1 - D)}{\pi D a^2} = \frac{1.5 \times 30\,000 \times (65 - 50)}{3.14 \times 50 \times 17^2}$$

$$= 14.88 \text{ MPa} < [\sigma]_b = 50 \text{ MPa}$$

凸缘根部弯曲强度足够。

3. 凸缘根部剪切强度校核

据 P78 式(5.16)得:

$$\tau = \frac{F}{\pi D a} = \frac{30\,000}{3.14 \times 50 \times 17} = 11.24\,\text{MPa} < [\tau] = 35\,\text{MPa}$$

$D_1 = 65\,\text{mm}$

凸缘根部剪切强度足够。

所以取螺母凸缘外径 $D_1 = 65\,\text{mm}$，高度 $a = 20\,\text{mm}$ 合适。

$a = 20\,\text{mm}$

3. 千斤顶顶起部分设计

3.1 千斤顶螺杆的结构

千斤顶顶起的重量较大，托杯与螺杆支承面间的摩擦力矩也较大。为了减小摩擦力矩，在螺杆与托杯间放入轴向接触滚动轴承。根据所受轴向载荷与螺杆直径，选择轴承代号为 51304 的单向推力球轴承，则轴承与螺杆接触直径为 $d_0 = 20\,\text{mm}$。

51304 单向推力轴承
$d_0 = 20\,\text{mm}$

3.2 手柄尺寸计算

1. 计算手柄需克服的摩擦力矩

据 P80(5.19)式得：

$$T = \frac{d_2}{2}F\tan(\psi + \rho_v) + \frac{1}{2}fFd_0$$

$$= \frac{25.5}{2} \times 30\,000\tan(3.573° + 5.911°) + \frac{1}{2} \times 0.003 \times 30\,000 \times 20$$

$$= 64\,799\,\text{N} \cdot \text{mm}$$

2. 手柄长度

据 P80 取作用于手柄上的力为 $F_H = 200\,\text{N}$，由 (5.19)式得手柄的有效长度为：$L'_K = \dfrac{T}{F_H} = \dfrac{64\,799}{200} = 324\,\text{mm}$。

考虑螺杆头部尺寸及工人握手距离，手柄实际长度还应加上 $\dfrac{D_{13}}{2} +$ $(50 \sim 150)\,\text{mm}$。因此，手柄实际长度：

$$L = L'_K + \frac{D_{13}}{2} + 100 = 324 + \frac{65}{2} + 100 = 456.5\,\text{mm} \quad 取 L = 460\,\text{mm}。$$

$L = 460\,\text{mm}$

式中取 $D_{13} = D_1$

考虑到减小螺旋顶的放置空间，和手柄从千斤顶中拿出插入方便，手柄两端不放挡圈或手柄球。

4. 手柄直径

取手柄材料 Q235，则手柄许用弯曲应力 $[\sigma]_b = \dfrac{\sigma_s}{1.5 \sim 2} = \dfrac{235}{1.8}$ $= 131\,\text{MPa}$。

由 P81 式(5.21)得手柄直径：

$$d_H \geqslant \sqrt[3]{\frac{F_H L'_K}{0.1 [\sigma]_b}} = \sqrt[3]{\frac{200 \times 324}{0.1 \times 131}} = 17 \text{ mm},\text{取 } d_H = 20 \text{ mm}。$$

$d_H = 20 \text{ mm}$

5. 千斤顶底座的设计

据 P82,选用千斤顶底座材料为 HT150,取其壁厚 $\delta = 10$ mm,为了增加底座的稳定性,底部尺寸应大些,因此将其外形制成 1:10 的斜度。底座结构如图 46 所示。据 P82 式(5.22)得:

$$\sigma_p = \frac{F}{A} = \frac{30\,000}{\frac{\pi}{4}(160^2 - 97^2)} = 2.4 \text{ MPa} < [\sigma]_p = 2.5 \text{ MPa}$$

式中:$[\sigma]_p$ 为底座支承面材料的许用挤压应力。对于木材,取 $[\sigma]_p = 2.5$ MPa。

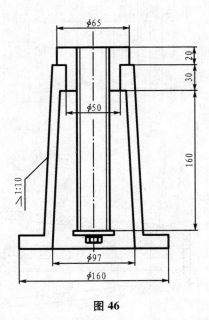

图 46

6. 千斤顶装配图零件图

千斤顶装配图如图 47 所示。千斤顶的非标准零件图如图 47~图 53 所示。

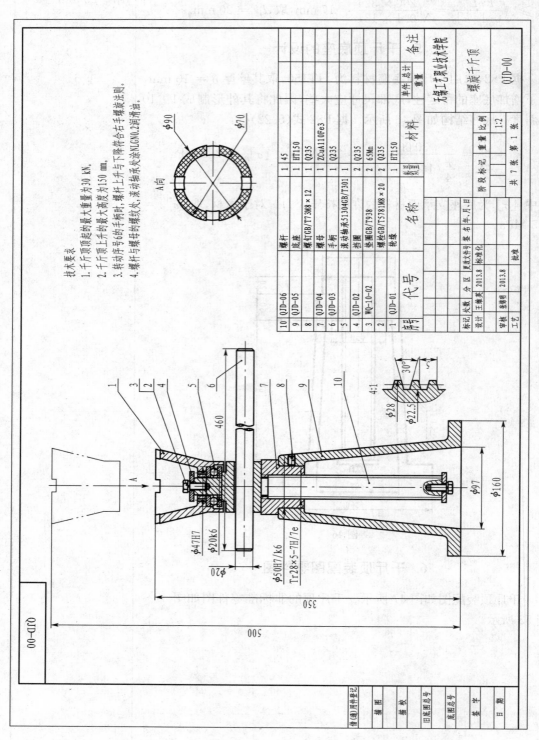

技术要求
1. 千斤顶顶起的最大重量为 30 kN。
2. 千斤顶上升的最大高度为 150 mm。
3. 转动序号 6 的手柄时，螺杆上升与下降符合合手螺纹法则。
4. 螺杆与螺母的螺纹处，滚动轴承处涂 N1.0N0.2润滑油。

序号	代号	名称	数量	材料	单件	总计	备注
					重量		
10	QJD-06	螺杆	1	45			
9	QJD-05	底座	1	HT150			
8		螺钉GB/T73M8×12	8	Q235			
7	QJD-04	螺母	1	ZCuAl10Fe3			
6	QJD-03	手柄	1	Q235			
5		滚动轴承51304GB/T301	1				
4	QJD-02	挡圈	2	Q235			
3	WQ-10-02	垫圈GB/T938	2	65Mn			
2		螺栓GB/T5781M8×20	2	Q235			
1	QJD-01	轮缘	1	HT150			

标记	处数	分区	更改文件号	签名	年、月、日		
设计	王集英	2013.8		标准化		阶段标记	重量	比例
审核	索慧明	2013.8					1:2
工艺			批准			共 7 张　第 1 张

螺旋千斤顶
无锡工艺职业技术学院
QJD-00

图 47

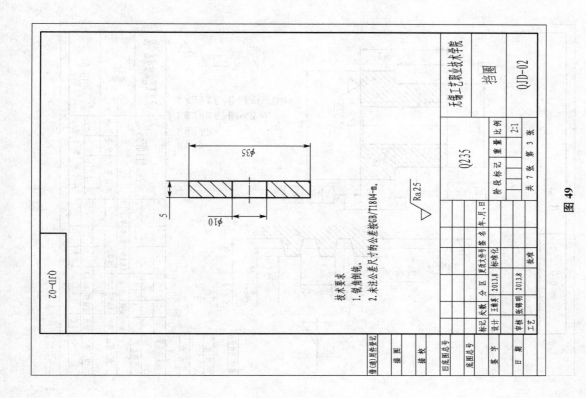

图 49

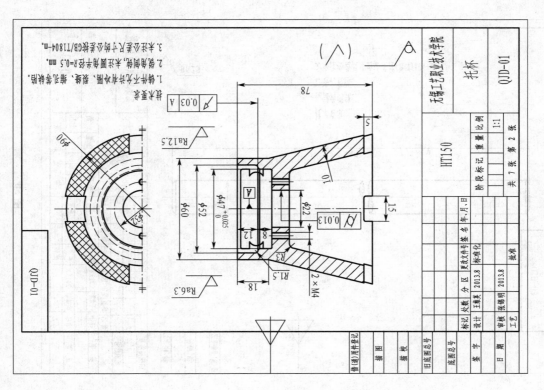

图 48

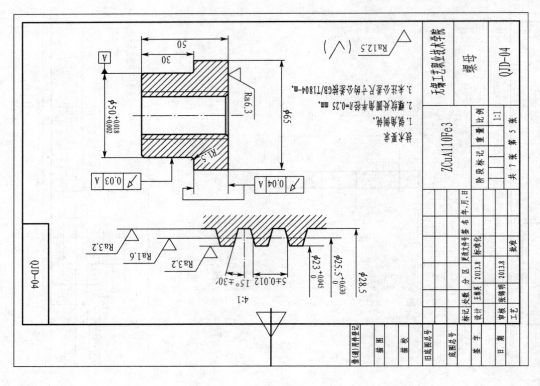

图 51

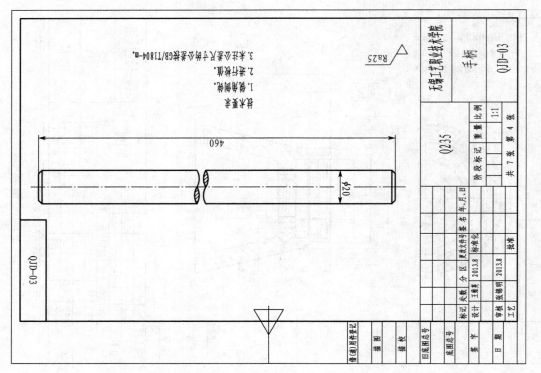

图 50

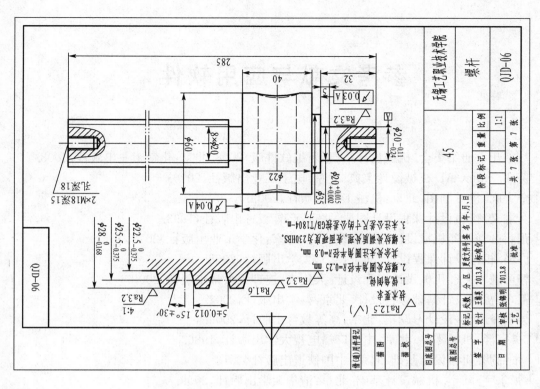

图 53

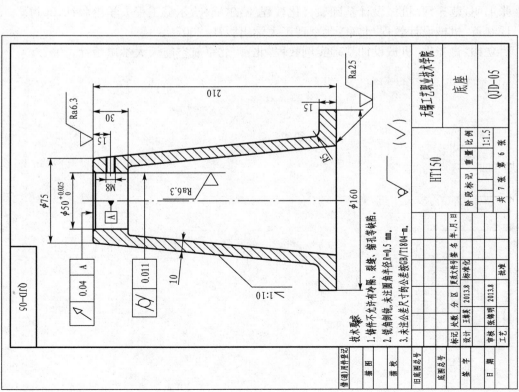

图 52

参考文献与应用软件

[1] 数字化手册编委会. 机械设计手册(新编软件版)2008. 北京:化学工业出版社,2008.

[2] 黄成. AutoCAD机械设计宝典. 北京:电子工业出版社,2010.

[3] 金大鹰. 机械制图. 北京:机械工业出版社,2002.

[4] 龚溎义. 机械设计课程设计图册. 北京:高等教育出版社,1993.

[5] 张莉彦,阎华. 机械设计综合课程设计. 北京:化学工业出版社,2012.

[6] 许瑛. 机械设计课程设计. 北京:北京大学出版社,2008.

[7] 郭可谦,刘莹. 机械设计课程设计. 大连:大连理工大学出版社,2008.

[8] 王军. 机械设计基础课程设计. 北京:科学出版社,2007.

[9] 吴宗泽. 机械设计习题集. 北京:高等教育出版社,2006.

[10] 吴宗泽. 机械零件. 北京:中央广播电视大学出版社,1986.

[11] 张锦明. 机械设计基础. 北京:中国铁道出版社,2013.

[12] 张永宇,陆宁. 机械设计基础. 北京:清华大学出版社,2009.

[13] 张锦明,范振河. 机械设计基础项目化教程. 哈尔滨:哈尔滨工程大学出版社,2011.

[14] 任红英. 机械设计教程. 北京:北京理工大学出版社,2007.

[15] 封立耀,肖尧先. 机械设计基础实例教程:北京:北京航空航天大学出版社,2007.